FAO中文出版计划项目丛书

粮农组织畜牧生产及动物卫生手册18

应急期间家畜相关干预措施操作手册

联合国粮食及农业组织　编著

翟新验　等　译

U0380768

中国农业出版社

联合国粮食及农业组织

2021·北京

引用格式要求：

粮农组织和中国农业出版社。2021年。《应急期间家畜相关干预措施操作手册》（粮农组织畜牧生产及动物卫生手册18）。中国北京。

06-CPP2020

本出版物原版为英文，即 *Livestock-related interventions during emergencies：The how-to-do-it manual*，由联合国粮食及农业组织于2016年出版。此中文翻译由中国动物疫病预防控制中心安排并对翻译的准确性及质量负全部责任。如有出入，应以英文原版为准。

ISBN 978-92-5-134685-3（粮农组织）
ISBN 978-7-109-28459-3（中国农业出版社）

前　言

在过去 20 年中，联合国粮食及农业组织（FAO）发现，发展中国家请求援助应对自然灾害和人为灾害的需求日益增加。而那些主要依赖某些动物来维持生计的成员往往受影响最大，也是最脆弱的成员。因此，通常将与家畜有关的干预措施作为突发事件响应的一部分。

FAO 支持下编辑和出版的《家畜突发事件应急指南和标准》（LEGS）一书，已于 2014 年修订出版的（http://www.livestock-emergency.net）。为补充《家畜突发事件应急指南和标准》，FAO 编写了本手册，为每一种常见的家畜干预措施提供指导方针，包括清群、兽医支持、饲料供给、水供给、家畜安置场所以及家畜供给。增加了关于使用现金转账和代金券的章节，以及有关监控、评价和评估应急反应影响的章节。

这些指南假设在突发事件下，根据 LEGS 和其他参考材料可决定适合的干预措施。它主要涉及"如何做"方面，提供实用建议。它尽量不重复 LEGS 所涵盖的内容，使用该手册的人应该先熟悉它，以便最大限度地利用这些指南。

本手册是第一版，并不是一个全面的指南。希望大家可以向 FAO 提出宝贵的意见和建议。

Berhe G. Tekola
联合国粮食及农业组织畜牧生产及动物卫生司司长

致 谢

ACKNOWLEDGEMENTS

根据与 FAO 动物生产及卫生部门签订的合同框架，英国兽医工作部门聘请专家整理了清群、兽医支持、家畜供给以及监控、评价和影响评估等章节的原始资料，FAO 工作人员和 FAO 聘请的顾问准备了现金转账、饲料和水供给以及安置场所等章节的原始材料。

Philippe Ankers 协调手册的编写工作。FAO 感谢为这本手册成功出版而作出贡献及付出努力和经验的人们，感谢 Suzan Bishop 协调英国兽医工作部门的贡献，以及她在准备和编辑手册方面的主要作用；感谢 Adrian Cullis 编写清群和水供给章节；感谢 David Calef 编写现金转账章节；感谢 Suzan Bishop、David Hadrill 和 Robert Allport 编写兽医支持章节；感谢 Peter Thorne、Harinder Makkar、Nacif Rihani 和 Olaf Thieme 编写饲料供给章节；感谢 Suzan Bishop 编写家畜供给章节；感谢 Andy Catley 编写监控、评价和影响评估章节；感谢 Vincent Briac 编写家畜安置场所章节；感谢 Karen Reed 对兽医支持和饲料供给章节的贡献；感谢 Simon Mack、Klaas Dietze 和 Christopher Matthews 在编辑过程中给予的技术投入和贡献。

FAO 感谢 LEGS 指导小组在编写本手册过程中提供的持续支持，并感谢包括 Fallou Gueye 在内的外部审稿人对手稿的审阅和宝贵建议。

缩略语
ACRONYMS

ACF	反饥饿行动
AGA	畜牧生产及动物卫生司（FAO）
AHS	非洲马瘟
ATM	自动柜员机
BCA	收益成本分析
CAHW	社区动物卫生工作者
CBO	社区组织
CBPP	牛传染性胸膜肺炎
CCPP	羊传染性胸膜肺炎
CCT	有条件的现金援助项目
CFW	以工代赈
CP	粗蛋白
CRS	天主教救济会
DCFB	高密度全价饲料块
DM	干物质
EMPRES-AH	动物卫生应急预案系统
FAD	食品供应下降
FAO	联合国粮食及农业组织
FMD	口蹄疫
g	克
HPAI	高致病性禽流感
IASC	机构间常设委员会
IDP	境内难民

ISO	国际标准化组织
Kg	千克
LEGS	家畜突发事件应急指南和标准
LU	家畜单位
M&E	监控与评估
MDGs	千年发展目标
ME	代谢能
NCD	新城疫
NGOs	非政府组织
OIE	世界动物卫生组织
PIA	参与式影响评估
PIN	个人身份识别码
PPR	小反刍兽疫
PRIM	参与响应识别矩阵
PW	公共工程
RVF	裂谷热
SMART	具体、可衡量、可实现、现实和有时限
SWOT	优势、劣势、机会和威胁
TAFS	动物与食品安全信任
TLU	热带家畜单位
UCT	无条件现金转移
VSF	无国界兽医
WFP	世界粮食计划署
WHO	世界卫生组织
UN	联合国
UNDP	联合国开发计划署
UNICEF	联合国儿童基金会
US $	美元

目　录
CONTENTS

1 引　言

自然灾害和人为灾害有多种形式，但所有这些灾害都可能因包括家畜在内的资产损失而严重影响人们的生计。在世界许多地方，家畜是家庭经济的一个组成部分，对家庭生计、生存和福祉做出重大贡献。家畜被用于食物（牛奶、蛋和肉）、种植（肥料、畜力）、运输（水、木材和市场商品）和收入（销售、易货和出租），它们在许多社区中也具有重要的社会文化和宗教功能。

当动物因灾难失踪、受伤或变得虚弱，或支持动物的资源和服务中断时，会对社区产生严重影响。市场准入可能失去，动物安置场所被毁；不能放牧，饲料和水可能变得无法利用，动物卫生服务也无法进行。灾害可分为急性的（洪水、地震、飓风）和缓慢发生的（干旱、长期寒冷天气）。紧急情况通常也是由急性或慢性冲突造成的，在这种冲突中，人们流离失所，动物被掠夺，动物移动和市场准入受到限制，动物卫生服务中断。每种类型的灾害都有不同类型的影响，并有着特殊的生存和恢复需要。所涉社区通常有自己的应对策略，但这些策略可能受到灾害规模的影响变得不堪重负。

在应急情况下，需要针对家畜采取具体干预措施，以帮助家庭渡过难关，并支持社区重建生计。家畜干预措施通常包括提供动物卫生服务、紧急饲喂和供水、提供住所、清群（销售、屠宰）和扩群。是否需要进行特定干预取决于应急情况的性质、当地情况和应急所处阶段（即正在进行、刚刚结束、恢复或重建）。

为确保做出更迅速和适当的反应，FAO 协助制定了《家畜突发事件应急指南和标准》（LEGS），具体可查阅 www. livestock-emergency. net/resources/download-legs/。

本手册是对 LEGS 的补充，为最常见的家畜干预措施提供了具体的技术性"操作方法"相关内容。技术章节标题和编号与 LEGS 指南（第 4 章至第 9 章）一致，但现金转账章节（第 3 章）除外，在 LEGS 指南中没有相应章节。本手册还有其他章节——第 1 章，引言；第 2 章，准备；第 10 章，监控、评价及影响评估。

每个技术章节（第 3 章至第 9 章）都有一个共同的基本结构，包括以下部分：原理、计划与准备、重要的注意事项实施计划以及关于监控、评价和影响评估的说明。在每一章的最后，都有一份核对表作为备忘录来确保重要的注意事项没有遗漏（插文 1）。

➡ 插文 1　LEGS 的生计目标和策略

《家畜突发事件应急指南和标准》（LEGS）是一套用于设计、实施和评估家畜干预措施的指南和标准，用以帮助受人道主义危机影响的人们。LEGS 基于三个生存目标：提供即时效益，保护家畜财产，重建受危机影响社区的家畜财产。

LEGS 通过两个关键策略拯救生命和生计：

* LEGS 有助于在紧急情况下确定最合适的家畜干预措施；
* LEGS 根据良好实践为这些干预措施提供标准、关键行动和指导说明。

资料来源：《家畜突发事件应急指南和标准》，2014。

在其一般方法中，"操作方法"指导旨在针对所有家畜进行紧急干预，但许多具体实例侧重于反刍动物，在较小程度上侧重于家禽。这是因为在绝大多数情况下，同应急干预措施有关的专业知识和经验与这些动物种类相关性很大。

本手册假设，根据 LEGS 指南和其他参考材料，已决定可能需要并适当进行家畜干预。本手册尽量避免重复 LEGS 指南内容，因此读者需获取 LEGS 指南，并特别注意以下几点：

* **LEGS 参与相应识别矩阵（PRIM）** 本质上是一种参与性工具，它考虑了 LEGS 的生计目标（即时利益、保护财产、重建财产），并根据对一系列标准问题的回答，确定适合应急期间特定情况的干预措施。
* **LEGS 生计目标和技术选项**（表 3.1 - LEGS 第 2 版）是一份有价值的表格，总结了技术选项，对 LEGS 的三个重要生计目标一一做了说明。
* 在每个技术章节中都有 LEGS **"决策树"**。基于"是-否"回答，遵循旨在为任何给定干预措施确定最合适的选项（包括不采取任何措施）的决策路径。

尽管以下章节均专门介绍了具体的干预措施，但不应孤立地看待它们。虽然读者可能会选择他们感兴趣的特定干预措施，但了解其他章节中涵盖的问题对于项目准备至关重要。例如，在考虑动物卫生干预措施时，还应考虑目标家畜的水和饲料需求。如果饲料和水的供应有限，动物将难以生存，提供卫生服务将毫无意义。

与 LEGS 一样，本手册未涉及跨境动物疫病的预防和控制，即特定动物疫病暴发属于紧急情况。其他国际公认的指南，如《良好应急管理实践：必要元素》（FAO 畜牧生产及动物卫生手册第 11 号）已经很好地涵盖了这一主题。并且，与自然灾害和人道主义应急情况相关的动物卫生相关干预措施将在第 5 章介绍。

2 准　备

在任何应急干预中，无论类型如何，都需要考虑重要的跨领域问题并进行准备。解决这些问题可以改进决策、资源的使用和目标，并最终提高干预效果。本章概述了更重要的指导原则，并在随后的相关技术章节中给出更多详细说明。

2.1　突发事件背景

任何干预的出发点都是全面了解应急情况发生的背景及其影响。例如：
- 受影响区域的地理特征：区域、地形、植被、天气条件和季节；
- 受影响人口的规模、分布、地位（社会经济水平）、文化和家畜生产体系；
- 受影响动物种群的大小、分布和种类；
- 可用的自然资源（放牧、水和耕地）及其如何受到影响；
- 有形基础设施，如道路、桥梁、水坝、市场、屠宰场、饲料厂、储存设施、水泵、通信、兽医实验室、冷链设施等；
- 对动物（以及动物对人类）的普遍或潜在疫病风险；
- 可用的专业知识和相关人力资源：兽医、家畜援助等；
- 可用物流：运输、行政、私营部门货物和服务；
- 受影响区域的安全状况。

干预措施还需要考虑到交叉问题，如保护人民权利；对公平和性别问题的认识；确定特别脆弱的群体，如妇女、青年和老年人以及获得性免疫缺陷病毒/艾滋病患者；以及每次干预对环境短期和长期的影响。应急情况对社区不同部门的不同影响，这也影响到所需支持的类别。应急期间可能会增加妇女和儿童寻找食物、水和燃料的工作量，然而通常是妇女照料动物。

各机构还必须意识到干预的可能后果，并注意不要无意中使特定群体面临更大的风险。例如，在冲突现场，向家庭提供家畜会使他们更容易遭到家畜突袭，而为境内流离失所者提供家畜营地会导致因有限的放牧和水资源而发生冲突，并破坏当地环境。干预措施还应避免损害当地服务提供者，如私营和公共兽医及兽医辅助人员或家畜交易商。各机构应始终设法找到支持和加强地方服务的方法。

在应急期间和之后，当务之急是向受影响的家庭提供及时支持。同时，重要的是，不要忽视长期发展挑战和备灾。可能需要采取具体措施，以减少以后对家畜的影响。它们可能包括建造更多的抗震避难所；与社区合作，确定和保留放牧区，以供在高风险时期使用；或者制定动物卫生策略，预防和治疗由特定应急情况（如洪水）引起的疫病。本手册涵盖的许多方面也适用于非应急情况。

2.2　初步评估

灾后应急评估包括有效的措施和方法，在 LEGS 指南中已有详细描述。同样，读者可能会发现 LEGS 参与响应识别矩阵及其生计目标和技术方案有助于干预措施的决策、优先次序和时间安排。本节重点介绍了当初步快速评估显示需要家畜干预时，项目设计和规划所需的信息。

在这一阶段，已经提供了必要信息，因此协调非常重要。信息来源包括其他机构（政府、非政府组织、联合国机构等）进行的评估、应急情况前的生计评估报告、兽医部门的记录、国内流离失所者营地的记录、以往家畜干预措施的评价和影响评估，以及项目报告。其中大部分是"灰色"信息，如果不进行搜寻，这些信息无法轻易获取。如果无法获得足够的信息，则需要仔细规划需要哪些附加信息以及如何获得这些信息。目标社区和地方领导人的充分参与最有可能获得可靠和详细的信息，可与其他来源进行交叉核对。然而，某些类型的应急情况需要快速反应，因此评价应重点突出，由经验丰富的从业人员进行，并使用最有可能产生准确数据的方法（详见第 3 章—LEGS 第 2 版）。

以下是有关可以收集信息的建议，具体取决于应急情况的性质。这些信息可能来自上述文件，也可能需要通过现场评估收集，包括：

- 不同社会经济群体在应急情况发生前后的生计概况；
- 灾后和长期生计机会；
- 当地的应对策略以及社区支持弱势群体的能力；
- 可用的家畜管理技能；
- 获得服务（动物卫生、市场、学校、信贷和储蓄计划）；
- 社区发展优先事项；
- 土地权属问题和获得自然资源；
- 环境问题：由于灾难导致的环境变化、恢复前景以及对环境的长期关注（特别是与家畜饲养有关）。

灾难的性质可能影响着对最脆弱的群体的界定。例如，地震可能会同时影响社区中的富人和穷人，使其失去动物、家畜安置场所以及饲料和水的供应。

然而，干旱可能会对社区中更脆弱的成员产生更大的影响，因为他们生计选择较少。对弱势群体定义没有固定的规则，必须根据具体情况确定。

需要就干预的目标和过程进行广泛的协商以提高其透明度，并应使社区的所有部门都参与进来。规划阶段的社区参与也使执行者有机会评估当地的参与能力和任何培训需求。在可行情况下，社区应在整个项目周期中起主要作用，因为这可能会增强当地所有者的共识和对最终结果负责。LEGS PRIM 是一种可以轻松用于各种受影响群体的工具。然而，在需要快速响应的应急情况下，对于部分项目周期必须做出让步，例如监控和评价（M&E），将在稍后进行更详细的讨论（图 1）。

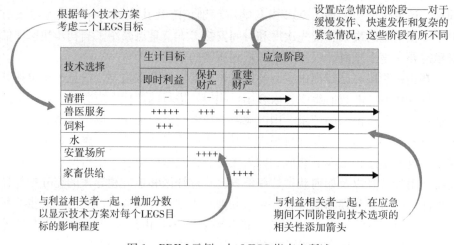

图 1　PRIM 示例，如 LEGS 指南中所述

当有更多时间可用于设计干预措施（例如扩群）时，让社区参与制定影响指标有助于澄清目标和预期影响。在此阶段还可以讨论监控和评价所需信息的类型和数量，以避免收集不必要或不易获得的数据。这在家庭可能搬离的情况下尤其重要。

2.3　确定适当的应对措施/识别适当的响应

在影响家畜的大多数灾害和紧急情况中，干预措施分为 6 个类别，这也是 LEGS 指南和本手册的基础，包括：

- 清群；
- 提供兽医服务；
- 提供饲料；
- 提供水；

- 家畜收容和安置场所；
- 提供家畜。

此外，还需要考虑时间因素。在灾难周期的某些阶段，有些干预措施比其他干预措施更为合适。例如，从逻辑上讲，扩群计划用于恢复阶段，而不是灾害的预警阶段。随着时间推移，各种组合的干预措施也可能成为维护受益人生计更有效的方法。同样，在特定时期内，根据给定的具体信息，准备一份长期可以采取干预措施的矩阵方面，LEGS PRIM 尤其有价值。

2.4 合作

任何外部支持的干预都将作为协调响应的一部分，协调响应可以优化信息和资源（财务、物质和人力）的使用，从而更有效地规划和确定靶标。有效的协调使每项干预措施成为更广泛的应对和恢复计划的组成部分。虽然一些国家和机构有协调应急响应的现有机制，但实施这些机制可能具有挑战性。有效的协调需要相关政府部门、捐助者和执行机构强有力的领导、务实和"认同"。

对于缺乏畜牧业经验的机构来说，协调策略尤为重要，这样就可以帮助他们确定可以提供专门知识和技术支持的合作伙伴。如果情况允许，就像在处理更可预测的紧急情况时，理想情况下应在灾害发生之前建立协调机制，以明确界定角色和责任、资源可用性及系统可用性。

全面、协调应急系统的一个例子是"集群措施"（插文2），它是由机构间常设委员会（IASC）实施的，用于应对复杂和重大应急期间人道主义援助。IASC 协调联合国和非联合国人道主义合作伙伴制定政策和做出决策。

➡ 插文2 机构间常设委员会（IASC）集群措施

集群是联合国和非联合国在人道主义行动的每个主要部门（例如水、健康和物流）中的人道主义组织群体。它们由机构间常设委员会（IASC）指定，并具有明确的协调责任。30多个国家采用集群措施提供人道主义援助。国家一级集群的核心职能是：

1. 提供措施和消除重复的平台支持服务；

2. 通过协调需求评估和差距分析以及确定优先次序，为人道主义协调员、人道主义国家工作队的人道主义应急策略决策提供信息；

3. 计划和策略包括部门计划、遵守标准和资金需求；

4. 倡导代表小组参与者和受影响人群解决已确认的问题；

5. 监控和报告集群策略和成果，必要时建议采取纠正措施；

6. 必要时以及集群内保持能力，开展应急计划、准备和能力建设。

每个行动组还负责从人道主义应急行动初始就要考虑早期的恢复措施。

来源：https：//www. humanitarianresponse. info/en/coordination/clusters/what-cluster-approach

协作意味着有效地合作，并有明确的角色和责任分工。还需要对各种利益相关者的能力进行现实评估，包括地方行政管理部门、畜牧部门、动物卫生提供者、当地领导人和目标社区。合作可能是切实可行的，比如共享运输等设施，或者使用当地的人类健康服务冷链设施来储存兽医疫苗。也可以是在更高的层面上，由两个机构共同提供不同但互补的服务，如扩群和动物卫生服务。

2.5 选择受益人

受益人选择是设计与家畜相关应急响应中最具挑战性的方面之一，并且通常必须做出艰难的决定。受益人选择应始终在所有利益相关者（包括目标社区本身）的充分参与下进行。在开始任何活动之前，必须解决顾虑、问题和潜在挑战，这一点十分重要。

虽然需求评估可以提供有关脆弱社区的信息，但针对受益人最好使用与受影响社区本身建立的标准。经常要求社区代表团体帮助制定标准且组织选择受益人，并提供支持以确保适当的针对性和公平性。许多社区都有强大的地方代表机构和执行这项任务的能力。但是，这些机构必须代表整个社区：经验表明，一些传统机构难以处理公平问题，例如妇女的代表权和包容所有阶层的人。

如果成立委员会来帮助选择受益人，那么在公开会议上以及从社区的不同部门（家庭、年龄、性别、弱势群体等）中选出其成员，这一点十分重要。

地方政府应明确扮演推进者的角色，但不应影响社区的选择。建立新的委员会或小组时，实施者应该意识到他们可能需要的支持，且必须从一开始就明确他们的角色和职责。

这一阶段需要解决**公平和性别**问题。在实施之前，应讨论并商定确保男女受益的方法。尤其重要的是，选择要考虑女性，如女性户主家庭和男性户主家庭中的女性，将如何受益。一些捐助者实际上可能为女性受益者设定了具体目标。如果将付款作为应对措施的一部分，这些付款方式和地点也可能影响妇女，因此也应与社区协商讨论这些方面。

2.6 委员会的有效沟通与协调

不可避免的是，需要委员会来确保活动实施过程中的有效协调和沟通。

作为协调一致应急响应的一部分，建立**监督委员会**来管理受影响地区的所有家畜应急干预措施是一个好做法。这可能是一个国家层面的协调机构，主要利益相关者可能包括农业部或同等部门、兽医部门、地方行政部门、FAO、国家畜牧专家、畜牧业商人和相关非政府组织。在许多情况下，可能会有灾害响应委员会技术分委员会。了解有关应急响应的国家政策、标准和指南，以及评估国内专业知识，避免此类委员会"做无用功"从而节省时间和资源。

在地方一级，多学科/机构**干预委员会**最适合监督具体的干预措施，如清群、补饲等。该委员会的成员可以包括：高级地方行政长官以及地方兽医或畜牧官员、家畜市场专家、当地家畜交易商和来自各地区的农民（牧民）代表。委员会应每周召开一次会议，以便能够快速开始运作，并在出现问题时有效应对。所有会议都应保存记录，以供后续审查和评估。

此外，应在每个需要进行干预的地区设立**地方委员会**，以便社区领导人、受益人代表和地方议员能够定期与方案实施者交流，提供反馈并解决争议。在适当情况下，所有委员会中至少应有 25% 的成员是女性，以确保充分考虑她们的观点和经验。地方委员会应在方便农民和妇女参加的时间和地点举行。

2.7 实施计划

干预的日常管理通常委托给一个团队。在建立实施团队时，成员花足够的时间了解策略和方案是非常重要的，就工作安排达成一致，并解决后勤和运营问题，从而使他们能够就拟议干预的规模和范围向社区提出明确、一致的信息。

在初始计划阶段可以讨论的主题包括：

- 受影响社区的生计基础；
- 家畜在受影响社区中的作用；
- 问题严重性：受影响的动物和家庭；
- 当地服务系统的可用性和访问权限；
- 当地应对策略；
- 干预的规模；
- 项目直接和间接受益人的概况；
- 性别在家畜管理中的作用；
- 正式和非正式的销售安排；
- 不同策略的优点和缺点；
- 不同方案的利弊；
- 当地主要利益相关方之间的关系；
- 需要考虑的社会文化和宗教因素；
- 需要解决的后勤和运输问题；
- 如何处理监控和评估考虑事项；

- 团队将如何运作，个人和团体的责任如何界定。

有效的方案规划还应包括确定干预目标，以确保它们具体、可衡量、可实现、现实和有时限（SMART）。在方案中增加灵活性有助于对不断变化的情况做出快速反应，例如干旱后降雨的到来可能会造成一系列不同的问题，需要优先开展相应的活动。

在某些情况下，测试干预措施（如清群）的小规模试点阶段有助于解决问题，并为更大规模的项目提供操作指南。但是，应急期间往往需要快速反应，因此必须根据具体情况进行评估，以期为受影响社区带来最大利益。同样重要的是决定退出干预策略，并确保当地利益相关者（社区、受益人、公共和私营部门）都了解任何干预措施的目标和时间。

必须明确公共服务、非政府组织和私营部门各自的作用和责任。在大多数情况下，干预措施将通过（或至少需要获得批准）代表负责畜牧事务部委（农业部门、畜牧部门、兽医部门等）的当地办事处进行。还将咨询其他相关部委（规划、森林、土地和水、卫生或同等部门）的当地代表，并根据需要让他们参与进来，尤其地方当局必须充分承诺并参与拟议的干预。

同样需要认识到，在发展中国家，公共服务往往缺乏人力和财力。应急期间外部援助可用于改善此类服务的运营能力和工作条件，但需要严格控制财政资源的使用，能力建设及培训应与技术设备供应一起考虑。

当投入通常由私人（饲料供应商、兽医药剂师、家畜交易商、家畜运输商、兽医、兽医辅助专业人员、家畜技术人员等）提供时，他们在应急期间得到支持和参与是至关重要的，必须避免绕过或削弱私营部门的情况。

监控、评价和影响评估系统应具有参与性，因为受益者可能会提供可靠的信息，而他们的观点十分重要。从监控、评价和影响评估中汲取的经验教训有助于改进项目实施，并了解当地的应对策略。这些结果还可以为将来的应急计划和应急准备提供的借鉴。监控、评价和影响评估是任何干预措施的基本要素，在制定干预措施时应为其分配足够的时间和资源。

2.8 合同安排

许多与家畜有关的应急干预措施涉及与当地执行伙伴（例如当地非政府组织、交易商协会和私营服务供应商）的**合同或分包合同**。大多数执行机构将为地方合同制定规则、法规和标准模板，为此，要充分了解地方或国家级合同的法律要求。合同应清晰明确，且包括以下几点：

- 明确确定承包商；
- 清楚描述和量化输出；
- 清楚描述活动；

- 包括一份实际的时间表，涵盖开始和结束日期；
- 量化执行机构提供的投入和支持；
- 定义任何具体标准或投入品认证（例如兽药）；
- 明确承包商的责任；
- 提供详细预算；
- 明确缴纳材料或服务政府税的责任；
- 给出付款时间表（分期付款）和条件；
- 清晰描述会计程序和报告要求；
- 澄清未动用资金的处理情况；
- 规定如何处理争议；
- 明确版权和知识产权的所有权（如适用）。

2.9　动物福利

动物福利一直是发展畜牧业不可分割的一部分，人们也逐步认识到它的重要性。动物福利可以概括为"五大自由"，即：
- 免于饥饿或干渴的自由；
- 免于不适的自由；
- 免于痛苦、伤害或疫病的自由；
- 表达正常行为的自由；
- 免于恐惧和痛苦的自由。

大多数家畜应急干预措施都可以视为"有利于动物的福利"，例如：
- 移走或以人道方式处理遭受痛苦和可能死亡的动物；
- 为患病动物或有患病风险的动物提供兽医护理或预防；
- 向饥饿或口渴的动物提供饲料或水；
- 为动物提供安置场所。

虽然任何与家畜相关的干预措施都可能出现动物福利问题，但清群和提供家畜是最有可能对动物福利产生潜在影响的活动。将动物提供给没有技能、劳动力或资源（如饲料和水）的主人会损害动物的福利。同样，向接受者提供不适当的动物品种也可能对福利产生影响。在规划和选择所有干预措施的实施伙伴和受益人时，尤其是在考虑家畜供应时，动物福利必须是一个关键考虑因素。

2.10　通用术语

对于处理与家畜有关应急情况的非兽医专家来说，术语可能令人困惑，数据难以解释。本节说明了处理家畜时常用的术语。并非所有术语都出现在文中，但整体理解上下文可能需要这些术语。

2.10.1 家畜单位

家畜单位（LU 或 LSU）是一个常用术语，用于将所有物种的家畜数量表示和汇总到一个共同的单位中。

重要原因：死亡率、承载能力、载畜量、营养需求都可以用 LSU 表示。定义各不相同，但通常将家畜单位表示为 500 千克活重的动物［热带家畜单位（TLU）为 250 千克］，每个动物品种具有相应的系数。例如，世界银行《世界动物疫病图集》使用以下系数：

1 头骆驼或其他骆驼科动物＝1.1LSU

1 头牛＝0.9LSU

1 头水牛＝0.9LSU

1 匹马或骡（马科）＝0.8LSU

1 头猪＝0.25LSU

1 只绵羊＝0.1LSU

1 只山羊＝0.1LSU

1 羽家禽（鸡、鸭或鹅）＝0.015LSU

2.10.2 死亡率

在指定的时间间隔内，对某一特定群体中死亡发生频率的测量（通常用百分比表示）。

重要原因：不可避免地，动物的死亡数量成为头条新闻，并被用作外部援助的理由，但是，在应急期间弄清死亡率数字可能具有挑战性。死亡的动物总数也可能是误导性的；更准确的指标是用因紧急情况死亡的额外动物数量来表示受影响的家畜总数。

2.10.3 发病率

疫病在群体中出现的频率。

重要原因：在流行病学中，"发病率"一词既可以指疫病的发病率，也可指某一群体中某一特定时间内新发病例的数量，也可指该病的流行率，即某一群体在某一特定时间的病例数。这种疫病的衡量标准与疫病死亡率形成对比，疫病死亡率是指在给定时间间隔内动物死亡的比例。

2.10.4 出生率

每年有繁育能力的母畜数量占总家畜数量或总母畜数量的百分比。

重要原因：这个比率代表一个群体繁殖状况的基本数字，然而，很少有动物具有年繁殖周期，因此还须考虑分娩间隔和产仔数等其他参数。

2.10.5 分娩间隔时间

同一母畜连续两次分娩之间的时间。

重要原因：间隔由几个因素决定，包括妊娠和发情以及季节、营养、饲养管理和压力。它们只是一些粗略因素，因为饲养动物的环境会对其繁殖能力产生重大影响——这对役用动物尤为重要。在最佳条件下，牛的分娩间隔时间可能低至 12 个月，但在低投入或传统体系中，18 个月至 3 年以上的情况并不罕见。绵羊分娩间隔时间的平均值在 9～12 个月，这使得一些品种在两年内生育 3 次。商品猪群的分娩间隔时间平均为 146～150 天，散养猪的分娩间隔时间平均为 159 天。驴和马时间范围可达 12～20 个月，骆驼为 2～3 年。

2.10.6 每窝产仔数

每头（只）母畜在一次分娩（出生）中的后代数量，它也常表示为多胎率（百分比）。

重要原因：该数值显示了在生殖周期中可以预期有多少后代。结合上述分娩间隔，可以估计一个畜群在特定时间范围内的总后代。大型动物（奶牛、骆驼、马和驴）往往一胎只生一个后代，双胞胎较少发生。双胞胎在绵羊中很常见，三胞胎在山羊中并不罕见（因此也可以用孪生率表示）。猪的每胎产仔数一般在 6～12 头，数量较少的猪通常属于发育不良的品种。

2.10.7 孵化率

一批鸡蛋孵化出雏鸡的百分比。

重要原因：该数值显示了从一批鸡蛋中可以预期孵化出活雏鸡的数量。孵化率低可能存在管理或疫病问题。该数值因家禽生产体系而异，散养家禽较低，商品家禽较高。

2.10.8 断奶成活率

存活和存活到断奶的动物比例，以百分比表示。

重要原因：从"存活率"来看，即使在非应急情况下，对于家畜从出生到断奶的时间也是最关键的。在此期间，幼龄动物需要通过快速生长来克服新生仔畜的脆弱状况。它们的消化道需要缓慢适应从奶为主要食物到固体饲料，它们的免疫系统"学习"对其环境中的生物体和病原体做出反应。一旦动物成功断奶，它们就已经度过了压力最大的阶段，随后存活率普遍很高。

2.10.9 年繁殖率

每头（只）繁殖母畜每年的平均产仔数。

重要原因：以确定一个畜群的总繁殖率，可以用单一母畜计算的繁殖率求和得出。例如，假设山羊群的平均后代数量为 1.2 只，分娩间隔为 240 天，年繁殖率（ARR）为：

$$ARR(\%) = [(1.2/240) \times 365] \times 100 = 182.5\%$$

这就表明每只繁殖母畜的平均后代数量是 1.8 只。

2.10.10 出栏率

定义为在确定的种群（例如一个畜群）中出售或屠宰动物所占的比例（通

常以百分比表示）。

重要原因：出栏率概述了商品畜群动态以及出栏干预对总体目标群的潜在影响。理想情况下，应根据畜群的繁殖性能和预期死亡率来确定出栏量，以评估在特定时期内出栏量是否引起动物数量的显著减少。

2.10.11 性别比例

定义为给定畜禽群中母畜禽与公畜禽的比例，通常表示为每头（只）公畜禽所配母畜禽的数量。

重要原因：这个比例对于动物繁殖是必不可少的。它因动物种类、动物品种、饲养体系和公畜禽年龄等因素而异。例如，在自由交配的无约束山羊饲养体系中，一只公山羊可以与10到20只母山羊交配，年轻公山羊不应该与太多的母山羊交配，否则交配的质量将下降，公山羊也会筋疲力尽。

2.10.12 胴体重

被屠宰动物的体重减去其皮肤、头部、蹄（足）、消化道和内脏的重量。

重要原因：该数字决定了屠宰动物进入食物链的肉量。它广泛用于肉类工业，但它并不能反映屠宰动物的所有有价值的成分。

2.10.13 屠宰率

表示胴体重量占动物活重的百分比。

重要原因：当以肉类生产为目标时，该数字表示可以作为产品计算的活重份额。与单胃物种相比，反刍动物通常具有较低的屠宰率（55％～65％）（例如猪和大多数家禽品种为70％～80％）。

2.10.14 载畜率

表示给定单位面积（通常为公顷）任何一时间点的动物数量关系。

重要原因：在封闭的商业农场或牧场中，这是相当容易计算的。但是在流动的牧场体系和传统的混杂农场中，情况变得很复杂，在传统的混杂农场中，田地通常是不封闭的并且动物可以在毗邻的公共场所自由放牧。

2.10.15 承载能力

承载能力（CC）确定了栖息地或生态系统可持续支持的最大家畜种群。

重要原因：在畜牧生产中，这一概念主要应用于世界上干旱和半干旱牧场地区的管理，尤其是非洲的畜牧系统，那里的畜牧业主要依靠放牧资源来提供饲料。然而，由于有大量的变量影响放牧资源和其他参数，当这一概念应用于此类牧场时，其适用性存在争议。在应急期间，CC适用于易于定义的空间中的畜牧生产，在这个空间中，动物可能会集中在水源、畜栏、放牧保护区或境内流离失所者营地周围。重要的是衡量实际载畜率（可能会快速变化）和基本承载能力（不会快速变化）。

3 现金转账及代金券

3.1 原理

援助有需要的人通常包括以人道主义危机中的救济援助（应急干预措施）或消除中长期贫困的工具形式向他们提供资源，传统的援助形式是通过直接提供粮食、农业投入和饲料等实物进行援助。在过去十年中，现金方案已成为实物援助的一种流行替代方案。近年来，大型和小型非政府组织以及 FAO、联合国开发计划署（UNDP）和世界粮食计划署（WFP）等联合国机构大幅扩大了现金投资援助，例如，2009—2013 年，世界粮食计划署的现金和代金券业务增长了 18 倍。

为了解现金转账作为一种工具在人道主义、发展和社会保护环境中的应用，研究饥荒等极端粮食安全事件发生的主要原因是十分有用的。长期以来，人们普遍认为饥荒是由于受灾地区粮食供应急剧减少所致，而最近发生在亚洲和非洲的饥荒是由于人们购买力下降造成的，因此人们获得粮食的机会减少，而不是粮食供应减少。一旦从获得粮食而不是粮食供应的角度来看待粮食不安全问题，以及由此产生的贫困和脆弱性问题，就可以清楚地看到，最适当的应对措施不可能总是实物。如果粮食不安全、贫穷和脆弱性是由于获取不充分而造成的，现金转账是一种更适当可行的援助形式。

3.1.1 现金转账分类

现金和代金券计划按照两个标准进行分类：

1）接受方为接收转让而必须满足的条件；

2）接受方可以使用转账的方式。

如果接受方必须满足某些条件才能收到转账，则现金转账计划是有条件的。反之，如果接受方不必满足任何条件，则现金转移计划是无条件的。

当一项转让（有条件或无条件）进行时，接受方只允许将其用于预选的货物或服务，转让受到限制。代金券总是受到限制的，因为它们只能在参与优惠券计划的零售商或供应商处兑换，以换取特定商品和服务。

3.1.2　现金和代金券的主要特征

现金转账作为实物援助的一种替代办法越来越受欢迎，部分原因是受援国日益重视其需要和愿望，在这方面，现金转账和代金券的优势显而易见。现金以及在较小程度上的代金券，使人们能够自己决定他们最迫切的需求是什么，以及他们希望在当地市场购买什么商品或服务，这意味着权力从执行机构转移到受益人。有了现金和代金券，接受方对转账的使用有更大的控制权。

通过将选择权转移给受益人，现金转账可以在受援国依赖外部援助的情况下保持其尊严感。

在许多情况下，现金转账比实物援助更具成本效益。实物干预无论涉及农业投入、粮食还是家畜，都意味着交易成本（采购、运输）。此外，它们还会干扰受援国的生产或市场，扰乱当地市场。例如，一艘大型粮食运输船可以压低当地食品的价格，从而损害当地生产者的利益。由于受益人将转移支付用于在当地市场购买商品和服务，现金转账可以产生倍增效应，使社区的其他参与者例如邻居或商人受益。

现金转账和代金券方案是非常灵活的工具，可以设置为：

- 当农民和牧民发现购买农业投入物和家畜的能力下降，无法从事农业或畜牧业生产时，对人道主义危机局势做出反应。
- 发展方案中增加农业生产和市场准入、建立或改进疫病控制措施等的工具。
- 社会保护机制[①]：依赖旱作农业维持生计的农民和牧民易受极端自然灾害和季节变换的影响。现金方案可用于解决季节性现金流瓶颈问题，并支持那些生计面临高物价、土壤肥力下降、缺水和健康状况不佳等威胁的社区。

3.1.3　现金转账方案的先决条件

现金转账并不总是合适的，只有在当地市场运作良好、能够承受商品和服务日益增长的需求时，才可实施这些措施。因此，决定是提供实物援助还是现金/代金券援助，必须始终以市场评估为基础。评估应分析一般商品的价格、贸易商应对需求增加的能力和意愿、投入现金的潜在影响以及市场与其他市场的整合程度。一个弱整合的市场意味着市场准入不畅、价格波动和供应不正常。由于市场分析的目的是确定受益人最终是否能够获得货物和服务，因此这种评估还应考虑道路和安全状况。已开发的几种工具就可以用来分析市场并确定最合适的干预形式（现金、代金券或实物）。应急期间，两个最常用的市场分析

[①]　社会保护的定义是"针对某一特定政治或社会中被视为社会不可接受的脆弱性、风险和剥夺程度而采取的公共行动"（Conway 等，2000）。

工具是 EMMA（紧急市场映射分析）[①] 和 MIFIRA（市场信息和粮食不安全反应分析）[②]。根据干预范围，进行这些分析所需的时间可能在一到几周之间。

3.2 现金转账类型

现金转账主要有四种类型：无条件现金转账（UCT）、有条件现金转账（CCT）、公共工程（PW）和代金券计划。下面分别讨论这些类型。

3.2.1 无条件现金转账

无条件现金转账干预措施是无条件地向贫困和弱势家庭或个人提供资金，无需接受方采取行动就可获得。其基本原理是基于这样一个假设：穷人是理性的行动者，通过放宽他们的主要约束（缺钱），他们可以进行投资或购买他们无法负担的商品，如小型反刍动物、饲料、种子、肥料和工具，并承担他们此前不可承担的风险（插文 3）。

> **➡ 插文 3　肯尼亚为牧民提供无条件现金转账的饥饿安全网方案**
>
> 饥饿安全网方案（HSNP）是一项无条件现金转账方案，由肯尼亚政府管理，2009—2012 年在肯尼亚北部的 4 个地区实施。HSNP 旨在减少图尔卡纳、马尔萨比特、瓦吉尔和曼德拉地区的极端贫困。它提供了针对长期粮食无保障家庭的无条件现金转账，其中包括数以千计依靠家畜为生的家庭。该方案惠及 6 万户家庭，他们通过预付卡（肯尼亚政府，2014），每两个月收到 2 300 肯尼亚先令（约 33 美元），一共为期 3 年。

没有条件意味着无条件现金转账项目不需要对这种联系进行监督，这使得它们比其他现金转账方案更容易管理、成本更低。

在需要快速干预和受益人必须满足许多需求的情况下，无条件现金转账十分适用，其也经常用于社会保护计划，以支持弱势群体，包括牧民。现金可以克服流动性和信贷约束，提高受益人的生产能力，减少甚至避免风险应对策略（Covarrubias 等，2012）。

使用无条件现金转账有时会受到批评，理由是在没有条件和限制使用转账的情况下，现金将被浪费在烟酒等非必需品上。对最近的现金转账方案（包括无条件现金转账）的分析表明，这种担心是错误的，至少在发展中国家是这样，而且有明确证据表明，转账资金并不总是用于饮酒和吸烟方面。

---

① Albu，2010；Ward 和 Ali，2015。
② Lenz，2008；Barrett 等，2009。

3.2.2 有条件现金转账

有条件现金转账向贫困和脆弱的家庭和个人提供现金是指这些家庭和个人必须满足某些要求，例如确保儿童上学、接受定期健康检查或参加免疫接种计划。总的来说，有条件现金援助有两个目标：短期内，旨在为贫困家庭提供维持最低生活水平所需的收入；长期而言，目标是改善儿童的人力资本，从而打破贫困的代际传递。

对转账的条件并不限制受益人如何使用现金，而是规定了他们必须满足的条件，才有资格成为接受方。在收到现金后，受益人可以随意使用。有条件现金援助计划背后的关键假设是，贫困家庭没有对人力资本（教育和健康）进行足够的投资，因此贫穷代代相传[1]的现象。

在过去 20 年里，有条件现金援助在拉丁美洲非常流行，该洲大多数国家的政府越来越多地将其作为减贫计划的关键工具。最早，墨西哥政府于 1997 年设立了"机会"项目，名为 PROGRESA，是第一个大规模的有条件现金援助计划。它侧重于两个方面：

- 鼓励家庭改变行为，送孩子上学、去诊所和接受健康教育（以健康和营养教育为重点的小组会议）；
- 解决贫穷代代相传的问题。如今，"机会"项目已覆盖近 600 万个家庭。

目前，世界上最大的有条件现金资助计划在巴西实施。巴西政府于 2003 年设立家庭基金，2013 年达到 1 400 万户（约 5 000 万人，占巴西人口的 1/4）[2]。巴西和墨西哥实施的有条件现金援助已在拉丁美洲广泛实施，尽管规模较小，但几乎应用到了每一个国家。在东南亚和撒哈拉以南非洲国家也实行了类似的方案。

为了确保有效，必须在基础设施（如学校、诊所）相对可靠的国家实施拉丁美洲最初设想的有条件现金资助。在缺失或欠缺社会服务的地方，有条件现金援助则不能达到其预期的目标。这就解释了为什么拉丁美洲和中美洲以及东南亚各国政府广泛实施有条件现金援助，但在撒哈拉以南的非洲地区则很少使用[3]。

此外，由于有条件现金援助计划要求受益人改变其行为，只有在有条件遵

---

[1] 贫困家庭可能意识到为子女教育和健康投资的好处，但却负担不起学费或送孩子上学的机会成本。

[2] *Bolsa Familia* 于 2003 年在 4 个已有方案基础上建立的，其中一个方案可追溯到 1995 年（Lindert 等，2007）。

[3] 各国政府通常将有条件现金援助作为一种工具，旨在减少贫穷和社会脆弱性，很少应用在人道主义危机中。

守并适当监控的情况下，才应实施有条件现金援助干预措施[1]。强制执行和监控受惠者遵守情况显然需要大量的行政费用。

3.2.3 公共工程

公共工程计划涉及向个人支付报酬，以换取社区基础设施方面的非技术性工作。付款通常是现金、代金券和食品。联合国各机构、政府和非政府组织还提供以工代现、以工代券和以工代食方案。

与有条件现金资助类似，公共工程计划有短期和长期目标。除了通过支付工资减少贫困或提供短期救济外，普惠干预措施还可以通过受益人修建、维护或修复的生产性财产（如道路和灌溉基础设施）带来长期利益。

由于受益人必须工作才能获得付款，公共工程计划得到捐助者的支持。在劳动力充裕的地方，经常雇佣公共工程的工人来修复受损的公共基础设施、清理灾区或建设公共资产。

公共工程计划显然只针对身体健全的成年人，不包括儿童、老人和残疾人等弱势群体。在农村地区，必须规划公共工程计划，以确保活动不会影响农业生产。这就是为什么公共工程干预常常与农业生产淡季相吻合。公共工程项目是以自我为目标，因为它们提供低工资的就业机会，而且只有真正的穷人才愿意参加。富裕社区成员可以在农业、贸易或有薪工作中获得更多的收入。因此，为了惠及最贫穷的群体，普惠计划必须设定一个低于某一地区最低工资率的自我目标工资率。然而，在失业率高的地区，即使工资很低，公共工程活动的就业需求也可能会超过供给。

一些机构和非政府组织将公共工程干预视为有条件的现金支付（受益人需要做些什么才能收到现金）。然而，有机构持不同看法，因为参与者不必为了改善人力资本而改变自己的行为。

3.2.4 代金券计划

有时出于某种原因，现金援助比实物分配更可取。例如，如果一个机构/非政府组织的目标小到某一具体方面，如增加小农的玉米产量，那么最合适的工具将是一张商品券，使接受方获得 20 千克玉米种子、50 千克尿素和 60 千克磷酸钠钾。如果援助机构希望限制受益人使用特定货物或服务的转账，它将使用凭证而不是现金。代金券是一种纸质或电子的卡片，受益人可以在选定的商店和商品与服务供应商处兑换。代金券可以现金（如 20 美元）、商品（如 12.5 千克玉米）或服务（如动物兽医治疗）的方式计价[2]。所有代金券都是受

---

[1] 最近对有条件现金援助的评估表明，不一定要对方案的条件进行监控，以实现预期结果（Benhassine 等，2013）。

[2] 别称为现金券和商品券。

限制的转账形式，与现金券相比，商品券进一步限制了受益人的选择。代金券计划基于这样一个假设，即受益人将在现有市场体系内向零售商赎回代金券。

设立代金券方案，作为紧急救济和促进发展的一种工具，主要针对各种弱势群体，包括难民、农民、牧民和城市居民。插文 4 和插文 5 为两个针对牧民的代金券示例。

● 插文 4　蒙古国支持牧民生计的代金券

在蒙古国漫长而严酷的冬季（国语为 dzud），深雪、强暴风雪和严寒使得家畜不可能觅食，导致家畜死亡率很高。2009 年的旱灾尤为严重，造成该国大约 20% 的家畜死亡，77 万牧民或 28% 的蒙古人口受到影响。反饥饿行动（ACF）在西部乌苏省实施了一项商品券方案，以帮助失去家畜、饲料和生计的家庭。反饥饿行动向牧民提供代金券，防止他们负债累累或被迫迁移到首都乌兰巴托的贫民窟（ACF，2010）。

● 插文 5　提高家畜扩群影响的代金券

2007 年袭击孟加拉国东南沿海的锡德飓风过后，两个非政府组织 AGIRE 和 Save the Children 实施了一个家畜补充项目，以帮助受影响社区恢复生计。每个家庭受益人都得到了两头奶牛和代金券。虽然奶牛为家庭消费提供牛奶，并在种田季节被用作驮畜，但代金券计划旨在支持家庭照顾动物。分发了两种代金券，一种用于兽医服务，价值 440 塔卡（约 6.5 美元）；另一种用于饲料费用，价值 920 塔卡（约 13.5 美元）。代金券计划增强了家畜扩群工程的恢复效果（AGIRE，2007）。

2007 年，孟加拉国农村地区的平均月薪约为 70 美元，因此代金券价值不菲，尤其是在农村社区。

3.2.5　商品交易集市

在当地没有商店或市场，需要交换代金券以支持个人购买投入品和服务[①]。在这种情况下，有必要组织市场，使受益人和贸易商能够通过代金券进行商品和服务的交易。这些活动传统上被称为商品交易集市。在人道主义和恢复生产中，联合国机构和非政府组织经常举办专门以种子、投入物和农具为重

---

① 这是因为他们是远离集镇的难民，或是分散居住在农村地区等。

点的贸易集市。在干旱和半干旱地区（如非洲之角、萨赫勒地区），以及蒙古国等冬季恶劣的国家，也为牧民设立了集市，以满足各种需求。

> ## ➡ 插文 6　布基纳法索小型反刍动物集市
>
> 　　2012 年，天主教救济服务社（CRS）组织了一系列小型反刍动物集市，使用代金券支持当时受地区干旱严重影响的布尔基梅省布基纳法索的弱势家庭。
>
> 　　通过集市，天主教救济服务社向 1 000 个家庭的妇女发放价值 50～60 美元的代金券，用于购买小型反刍动物及支付饲养、动物饲料和兽医费用（CRS，2012）。

　　集市是以农民、牧民和商人为目标的临时市场，通常只有一天。以小规模活动为主，上限约为 1 500 名受益人[①]。在同一个干预区内可以设立多个交易集市，使数千名受益人受益。投入品交易集市通常固定在一天、一个场地（通常是一个封闭的空间，如学校的院子）进行，这样可以更容易地跟踪参与者之间的交流。此外，在投入品交易集市上，可以对投入品和动物进行目测检查，并对价格进行监控，以防止串通或操纵价格。本章后面将提供有关如何组织家畜交易集市/代金券计划的实际指导。

3.3　计划与准备

3.3.1　确定转账的规模

　　在每一个以现金为基础的方案中，关键的一步是确定转账的规模。总的来说，这将主要取决于方案的目标。

　　更具体地说，转账的规模应基于受益人可以通过现金或代金券获得的货物或动物或服务的价格[②]，以及受益人的基本需求（食品、非食品物品、动物、农业投入等）与其满足这些需求的能力之间的差异。例如，一张代金券可以支付参加代金券计划的家庭的食品消费量的百分之 X，或者它可以使牧民购买 Y 千克的动物饲料或 3 只小反刍动物。执行机构应了解其他机构是否在同一领域提供援助。

　　如果牧民参与以工代赈的项目，如修建或修复钻孔，则其工资将根据牧民

　　[①]　当受益人数超过 500 人时，除非组织机构拥有大量的工作人员，否则受益人和交易员的登记、凭证分发、凭证交换和监控的任务就变得很困难。如果受益人数大大超过 600 人，最好设立多次集市，以满足所有目标群体的需求。

　　[②]　如果该计划是在动荡的市场环境下实施的，则可以根据通货膨胀调整转账的规模。

个人的支出需求、他/她自己能够提供的比例以及非熟练或半熟练劳动力的现行工资进行。

执行机构应始终注意，通过现金转账方案注入社区的资金不会扰乱当地市场。

3.3.2　交付机制

向受益人提供现金和代金券的方式有很多种。在设计阶段，必须选择最适当的交付机制将现金或代金券转给受益人。要做到这一点取决于具体因素，包括可用预算、受益人数、可用的技术基础设施（例如电力、移动电话覆盖率、银行分行）、机构和执行伙伴的能力、建立交付机制的可用时间以及受益人的需求和限制。

直到 21 世纪初，现金转账和代金券方可以两种低技术含量的方式交付给受益人，如下文所示。

3.3.3　现金信封

把现金转给受益人最简单的方法是直接把现金分给他们，通常是装在信封里。现金信封支付系统有几个优点，包括：支付不需要昂贵或复杂的设备；受益人不需要识字或计算；他们不需要受过专门培训。然而，这种方式容易泄露和欺诈，使接收方和工作人员面临抢劫的风险，而且在分发阶段可能很耗时。

因此，尽管现金信封支付系统具有速度快、简单和交易成本低的优点，而且所有这些因素在应急期间都是至关重要的，但它也有一些缺点，尤其是工作人员在分发现金时，会暴露在拥挤的户外场所。此外，与电子转账不同，现金是不可追踪的[①]。然而，该系统确实具有灵活性的优点，而且不会阻止受益人转移到其他地点，这在处理牧民社区或内乱时非常重要。

3.3.4　纸质代金券

第二种交付系统是通过纸质代金券付款。鉴于其与本币票据的相似性，纸质代金券很快就为受益人所熟悉。它们经常被用于提供获得货物（例如食品和非食品物品、农业投入、动物饲料）和服务（如兽医帮助）和传统家畜干旱援助（如清群和扩群）的方案中。

3.3.5　通过电子传递机制交付

现金信封和纸质代金券都是劳动密集型的，并对转移性、可追溯性和成本效率提出了挑战。然而，由于技术在低收入和中等收入国家的传播，现金和代金券可以电子方式交付。在过去几年里，向弱势群体提供援助的电子手段迅速普及。

3.3.6　移动电话

在东非，移动电话的迅速推广使人们能够用它们来传递现金。通过移动电

---

① 如果资金需要迅速转给受益人，比如在突发性休克之后，没有时间建立电子支付系统，那么装在信封里的现金或为最合适的选择。

话进行转账特别适合于流动、游牧或临时流离失所的受益人。在肯尼亚，有超过 1 200 万人使用 M-PESA 系统（"M"代表移动，"PESA"在斯瓦希里语中是指钱），它允许人们通过短信向其他手机用户转账。注册用户即使是在该国最偏远的村庄，也可以在该国81 000 多个 M-PESA 网点的任何一个网点领取这笔钱。非政府组织成功地利用 M-PESA 来帮助应急期间的牧民社区，并帮助登记参加肯尼亚国家饥饿安全网方案的家庭。

3.3.7　其他电子支付系统

目前，向受益人进行转账的电子交付机制有许多，即使在基础设施薄弱的地区（萨赫勒、刚果民主共和国、索马里等），这些机制往往排除了银行等传统金融机构，但始终需要私营部门（移动网络运营商、信用卡公司）的参与。下面简要说明各种支付系统。

- **智能卡**是带有微芯片的塑料卡，其中包含受益人和转账金额的信息。通常，受益人会去支付点（有读取装置的代理、自动取款机、邮局或银行）检索信息。
- **磁卡**包含可存储个人身份的磁条。它们可以用来从自动取款机或使用读卡设备的代理取款（以前已存入账户）。与智能卡相比，磁卡系统的初始成本较低，但磁卡很容易损坏或消磁。
- **刮擦卡**是指一个区域被隐藏个人识别号（PIN）的物质覆盖的卡片。通常情况下，受益人可以在零售商的商店里通过刮划该区域并将 PIN 输入零售商的移动电话或其计算机上来赎回一系列商品。然而，刮擦卡只能使用一次。

建立电子转账机制至少需要 10 周时间，涉及的步骤包括：

（1）了解电子转账选项将在何种监管环境下运作；

（2）评估服务和供应商的商业前景；

（3）招标确定最佳服务商；

（4）与选定的服务商协商签订合同；

（5）拟订、签订合同；

（6）确保电子转账服务符合内部和捐赠者的要求；

（7）在服务提供方的合作银行开户；

（8）订购电子转账设备（智能卡/借记卡、手机、阅读设备）；

（9）登记受益人并培训他们如何使用电子转账设备；

（10）加载受益人数据并进行转账。

3.3.8　风险

与其他援助干预措施一样，使用现金和代金券也有风险。这些风险必须在实施之前、期间和之后加以考虑。表1列出了一个机构或非政府组织在现金和代金券计划中面临的主要风险，以及减轻这些风险的策略。

表 1　现金和代金券计划中的选择风险和解决措施

风　　险	解决措施
主要商品价格上涨和当地市场扭曲	进行市场评估（在现金/代金券计划开始之前）并执行市场监控（计划期间和之后）。
性别偏见（Ⅰ）——允许目标反映对妇女的现有社会性别偏见	确保管理层抵制压力，以影响目标制定过程。
性别偏见（Ⅱ）——男性种作物/女性养家畜*	目标确定过程 确保商品交易集市/代金券项目提供的动物种类多样，包括妇女拥有/照料/出售的动物。
质量差（食物、投入、饲料、家畜和服务）	确保有适当的质量控制措施，并在整个项目中监控其运作情况。
来自地方当局的不当干预（过度干预、选择供应商等）	建立一个知道如何与地方当局谈判的强有力的管理层。
不定期利用代金券换取投入品、家畜和服务	在代金券计划期间开展兑换交易监督，并尽可能为受益人建立申诉和纠正机制，以报告违规行为。
盗窃、贪污和滥用代金券	实施有效监控，确保职责分工。 测试电子优惠券识读器、智能卡、手机覆盖率等功能。
转账到金融机构用以资助业务的资金被转移	分期转让有限金额。

　　*不同社区的男女农业劳动分工差别很大，但通常男性负责经济作物，女性负责家庭食品消费。妇女经常种植豆类和蔬菜等次生作物（Doss，2001）。同样，对于家畜，妇女照顾家禽和小型反刍动物，而男子则照顾大型家畜，如骆驼、牛和羊（FAO，2012）。

3.4　实施

3.4.1　设计代金券计划和家畜交易集市

　　交易集市和代金券计划的详细设计取决于其目标、实施该计划的社会经济环境和其他因素。但是，对于任何交易集市和代金券计划，必须始终执行以下几个步骤：

- 评估社区需求；
- 与地方当局和社区代表会面，规划交易集市和代金券方案；
- 选择目标社区所需的货物、动物和服务；
- 选择受益人；
- 选择交易商；

- 进行质量控制,确保投入品(牧草、饲料、矿物质补充剂、维生素等)符合一定的质量要求;
- 采取必要的疫病控制措施或确保动物接受了所需的治疗;
- 设计代金券或选择适当的技术将现金和代金券转给受益人(如电子卡、移动电话),并尽量减少伪造的风险;
- 培训受益人、交易商和其他利益相关者(当地社区、农业部、执行伙伴等);
- 监视价格;
- 建立问责制。

下面将讨论每个步骤。当然,财政制约可能会影响它们的执行方式。

会见当地社区代表

社区代表应参与交易集市和代金券计划的规划和实施,社区宣传有助于增强透明度和责任意识,加强社区对该方案的支持。

3.4.2　脆弱性评估

在制定针对牧民的代金券方案之前,有必要了解干预措施的脆弱性。至关重要的是,查明造成执行机构正在努力补救无保障生计的根源。

3.4.3　目标

目标取决于该方案的目的,例如,该方案的目的是要到达某一特定群体(例如妇女)、提供获得水的机会(例如为游牧民建造或修复钻井、在干旱后重新补栏牧群、资助社区最贫穷和最脆弱成员等)。目标应按照明确透明的标准进行,它还应让地方社区和当局参与,以降低最有影响力的社区成员受益最多的风险。

目标标准将取决于交易集市或代金券方案的目的:它是在人道主义危机期间设立、发展项目或作为社会保护方案的一部分,解决脆弱性问题。在人道主义背景下,目标在理想状态下应包括受危机影响的所有脆弱牧民(例如干旱、暴雪、高价、冲突)。这在实践中可能证明是困难的,因为家庭的数量往往比现有预算所能涵盖的数量更多。因此,需要考虑以下标准:

- 收入;
- 动物所有权;
- 获得土地;
- 在土地上工作的能力和意愿;
- 财产所有权,首先选择财产较少的家庭(家畜、牛等);
- 人口统计,例如,女性户主家庭、与老年人或慢性病患者一起生活的个人;
- 获得其他援助方案的机会(在其他条件相同的情况下,应优先考虑那些没有从其他援助方案中受益的人）；

- 家庭中从事经济活动的人数。

3.4.4 质量控制

实现交易集市和代金券计划目标的一个关键问题是确保向受益人提供的货物质量合格。例如，如果提供小型反刍动物供弱势牧民选择，那么这些动物必须是健康的、体况良好的。这一点在第 6 章家畜供应中有更详细的说明。在描述执行机构工作人员为确保货物（如饲料、维生素）符合最低质量标准而采取的措施之前，必须强调的是，与实物干预不同，实施机构采购货物并对货物质量负全责，而交易集市和代金券计划旨在给受益人一个选择。因此，与选择动物相关的部分责任和风险由受益人承担，然而，执行机构有义务尽量减少对受益人的风险。如果认为用于交易集市和代金券计划的动物或货物来源市场不可靠，则执行机构应采用其他类型的干预措施。

3.4.5 选择交易商

交易商的选择包括以下步骤：

- 在地方和国家新闻和广播电台上宣传交易集市或代金券方案的条款和条件。
- 根据推广服务、联合国机构和非政府组织以及专家和牧民的建议，确定潜在的交易商。拜访所有潜在的交易商，在参观期间，工作人员评估动物的健康状况或饲料质量，并解释交易集市和代金券计划的条款和条件。
- 安排与选定的交易商会面。会议应披露有关代金券价值、牧民可选择的核准项目清单以及兑换代金券的时间（集市为一天）的信息。
- 必须告知交易商代金券交换和支付程序。如果是纸质代金券，应告知交易商将赎回代金券提交执行机构付款的截止日期。

3.4.6 设计代金券，尽量减少伪造的风险

票据欺诈是一项常见的挑战，下面列出了一些旨在减少欺诈机会的防伪技术。一般代金券必须包括[1]：

- 其价值；
- 参与伙伴的标识（如执行机构、国家、捐助者）；
- 序列号；
- 有效期。

代金券的价值应以当地货币表示，任何文本均应以当地语言书写。在某些情况下，受益人的号码可能印在代金券上。

---

[1] 本节关于伪造的部分依据是 Vinet 和 Calef，2013。

在选择代金券价值时，应考虑两个因素：

- 当代金券的管理成本太大时，会增加代金券的管理成本。
- 当代金券价值太大时，如果受益人想要兑换价值较小的商品/服务，他们可能会遇到问题①。

代金券可以用小册子的形式收集，小册子中含有相同名称的各种代金券。这些小册子类似于支票簿，代金券与存根之间用穿孔线隔开。执行机构撕下代金券，交给受益人支付商品或服务，而存根仍保留在账簿上。该机构保存账簿，并使用存根记录交易和支出。

重要的是，代金券是易于使用的，在这方面的黄金法则是，考虑到目标社区人群的识字水平，它们应该简单易懂，这意味着执行机构应使用受益人熟悉的大字体、彩色编码和符号（例如，10 美元代金券印上树，15 美元代金券印上奶牛等）。

打击伪造代金券的措施

有许多措施使伪造和复制代金券变得困难，这些技术的效果和成本各不相同。根据预算和可用时间，执行机构工作人员可以选择其中一些或全部。

以下是简单的防造假措施：

- 在特殊（如有纹理或彩色）纸张上打印代金券会使复印变得困难。如果没有专用纸张，则应使用优质纸张打印代金券。
- 对代金券进行彩色编码不仅有助于防止重复，而且有助于文盲受益人。
- 如有可能，应在远离交易集市或代金券计划实施地点的地方印制代金券，这使得涉及印刷公司的欺诈行为更加困难。
- 应使用花哨的标识。标识越花哨，复制就越困难。
- 如果在不同的日期有多个交易集市，可以在开市前加盖上不同的印章（例如不同颜色），以区分第一个集市所用的代金券和第二个集市所用的代金券等。
- 参与交易集市的供应商必须知道如何识别代金券，这可以在交易集市前的培训课程中完成。

除上述措施外，还需考虑以下两方面：

- 降低欺诈可能性的一个简单、成本效益高的策略是在交易集市期间建立一个良好的监控系统。在工作人员的充分监督下，仿冒代金券及其

---

① 通常在交易集市上，无论是家畜还是包括饲料在内的农业投入品，交易商在交易后都不退还零钱。

不当使用（将代金券兑换成现金）变得很困难[①]。例如，是否可以将代金券的序列号与受益人联系起来，提供清单、供交易商交叉核对代金券号码与受益人的姓名，受益人必须出示一些官方身份证明（如果没有官方身份证明，可提供村委会主任的信等有效证明）。

- 需谨慎对待代金券和货币。在交易集市和代金券活动开始前，应将其保存在保险箱中，只有项目经理或项目经理指定的工作人员才能打开保险箱。
- 阻止潜在造假者的一般策略是让他们认为复制极其困难。例如，可以在代金券设计中添加一个随机数或一个特殊的符号。这个号码或符号可能永远不会在交易集市期间被检查，但它可能会阻止潜在的伪造者，他们会认为必须复制符号或号码才能使代金券有效。

3.4.7　培训受益人、交易商和其他利益相关者

所有家畜交易集市和代金券方案的利益相关者，如受益人、交易商和执行机构的工作人员，都负有具体责任。首先，他们必须了解交易集市和代金券方案的目标以及如何执行。例如，受益人需要确切地了解该方案的工作原理、将提供什么、哪些交易商将参与以及干预的基本规则。在大多数情况下，通过培训或简介可确保受益人充分了解这些方面。

（1）培训有关部门、地方当局、非政府组织和其他参与者的工作人员

培训后，执行机构工作人员应能够完成以下工作：

- 确定将通过代金券计划提供哪些动物（投入、服务）以及哪些动物（投入、服务）被排除在外；
- 熟悉交易集市和代金券计划中可用投入品的大致价格；
- 了解代金券交换流程；
- 为选择合适的交易商提供指导；
- 核实受益人的身份，并确保只向名单上的人分发代金券；
- 在兑换凭证时监控交易商，防止不定期交换代金券、投入和其他非法做法；
- 为活体动物和货物（食物、饲料、疫苗）分配适当的空间；
- 检查货物（动物）并监控交易商收取的价格；
- 为交易的活体动物和兽医产品提供兽医服务。

（2）培训交易商

在进行交易集市和优惠券计划之前，应培训或向交易商介绍情况，以确保他们：

[①]　很明显，在交易集市期间，充足的工作人员对于监控价格和质量也是必不可少的。

- 有足够的时间收集足够数量的动物和投入品，以回应用代金券兑换的受益人；
- 了解执行机构签发的代金券价值；
- 了解交易集市和代金券计划的持续时间，即针对动物（投入、服务）交换代金券的开始和结束时间；
- 了解参与交易集市和代金券计划的受益人的大致数量；
- 认识到在交易集市和代金券计划中提供的动物、商品和服务的价格不能超过当地市场价格，除非是所提供的动物（投入、服务）的质量非常高而导致的价格上涨；
- 了解代金券兑换现金的规则和程序：对于电子凭证，付款是即时的，而对于纸质代金券，付款通常在大约一周内完成；
- 保存向受益人提供的动物（投入、服务）的详细记录，以便进行监控和评估；
- 了解提交兑换代金券的截止日期，以及交易商交换的代金券总价值的发票；
- 了解执行机构及其合作伙伴将要进行的质量和疫病控制检查——交易商还必须同意，他们不能故意提供劣质商品或生病的动物。违反这一规则将导致他们的产品不能收到付款，并将其列入未来交易集市和代金券计划的黑名单。

3.4.8　监视价格

在进行交易集市和优惠券计划之前，必须进行市场分析。该分析将确定项目期间动物和商品（服务）的现行价格。除非在长达数月的代金券计划中可能出现价格上涨，否则交易集市和代金券计划的价格应反映市场分析期间记录的一般市场价格。在一个交易集市上，由于运输成本的原因，其价格可能会略高于市场价格。一般来说，提交交易集市和优惠券计划的贸易商数量越多，价格竞争就越激烈。

3.4.9　建立问责制

执行机构应始终对受益人负责，因此，它应该建立一个制度，使受益人能够向机构及其执行伙伴提出意见或投诉，该机构应确保投诉得到及时处理。

3.5　关于监控、评价和影响评估的说明

3.5.1　监控和评价

正如其他援助干预措施一样，应始终监控和评估针对牧民的现金和代金券方案，以确保它们按计划实施，并达到预期目标，找出不足之处，并在必要时

提出可能的解决办法或调整方案。以下是在大多数现金和代金券方案的监控和评价阶段需要提出的关键问题：

3.5.2　市场

（1）计划开始前

- 当地市场是否有基本商品和服务？
- 当地市场是否正常运作？

（2）计划期间和之后

- 投入目标社区的现金是否对基本商品和服务的价格产生影响？
- 受益人在哪些市场上消费他们的转账资金（到达的距离、安全程度如何）？

3.5.3　目标

- 方案是否惠及目标受益人？
- 是否有任何社会规范限制平等参与现金转账方案？
- 受益人是否熟悉目标确定标准？社区或其代表是否参与制定针对和选择受益人的标准？
- 社区代表是否真正代表社区？参与现金计划的人们是否独立于政治或权力结构？
- 所有受益人是否都能获得关于目标和选择明确、公正的信息？他们有机会质疑这个过程吗？

3.5.4　实施

（1）沟通

- 是否向受益人、收容他们的社区和其他利益相关者提供了足够的信息（例如转账价值、目标确定标准、代金券兑换流程）？

（2）转让的交付

- 受益人是否收到预期的转账？
- 转账的价值是否足以满足受益人的需要并且符合方案目标？
- 转账是否按时支付给受益人？
- 代金券是否在安全条件下分发和兑换给目标受益人？
- 受益人是否对选定的交付机制感到满意？

3.5.5　问责制

- 该方案是否为受益人建立了问责制？受益人是否能够对计划提供反馈？此反馈是否用于调整计划？
- 该方案是否有避免负面后果（对粮食安全、健康、参加自己的农业活动等）的机制？

3.5.6 意外后果

- 转账对家庭内部的关系有影响吗？
- 转账是否会在受益人和非受益人之间或其他利益相关者之间造成紧张关系？
- 受益人将转账用于哪些商品或服务？现金花在具有诱惑力的商品（香烟、酒精）上吗？

3.5.7 代金券和交易集市

- 代金券所涵盖的具体商品或服务是否能够满足受益人的需求？
- 供应商或交易商或零售商是否按时获得付款？
- 在家畜交易集市上，入口处是否有健康检查规程？
- 家畜交易集市或代金券计划中的动物是否健康？它们接种过疫苗并进行了驱虫吗？
- 是否有足够的工作人员监督通过代金券交换的货物或服务的价格？

3.5.8 公共工程

- 通过以工代赈方案建立或修复的资产是否对社区有用？建造或修复的资产是否符合最低质量标准？
- 是否安排了公共工程活动的时间，以免破坏参与者的传统生计和应对策略？
- 受益人的工资是否与项目内非技术性工作的标准工资一致？

3.5.9 有条件现金转账

- 受益人是否遵守计划规定的条件？
- 这些条件是否易于遵守，或它们是否给受益人造成了高昂的交易成本？

3.5.10 影响评估

对于每一种现金转账方式，必须设定相关的评价指标，以衡量方案的目标是否可实现。例如：

- 在投入品代金券（如动物饲料）方案中，指标可包括由此产生的生产变化（如鸡蛋、肉类、牛奶、羊毛）。
- 在兽医代金券支持方案中，指标可包括疫病的流行率和发病率、动物死亡率和动物生产指数（产奶量）。

3.6 检查清单

3.6.1 评估和规划

- 进行需求分析和基础评估；
- 进行市场评估（例如，当地市场的货物供应情况、货物的最低质量要求、市场的总体功能）；

- 确定方案目标；
- 确定现金转账方式（例如代金券计划、交易集市、公共工程、无条件现金转账）；
- 决定方案的期限；
- 选择付款机制（如纸质代金券、电子代金券、现金信封）；
- 识别可能的风险（例如价格上涨、商品质量差、欺诈）；
- 获得受益人、地方当局和政府的批准。

3.6.2　准备

- 动员当地社区；
- 成立地方委员会；
- 制定目标确定标准；
- 确定并登记受益人；
- 建立受益人名单；
- 选择交易商（针对交易集市和代金券计划）；
- 确定转账的价值，或者对于以工代赈的工资率；
- 设计和打印凭证；
- 确保纸质代金券具有所有必要的安全措施（例如微缩印刷、全息图），以降低伪造的风险；
- 建立问责制。

3.6.3　实施

- 对受益人进行宣传和培训；
- 宣传和培训交易商（针对代金券计划和交易集市）；
- 分发代金券、支付现金或向受益人支付工资；
- 确保兑换过程顺利（代金券换货）；
- 监控通过公共工程方案建造或修复的资产的执行情况；
- 在交易集市或代金券计划期间监控所交换货物的质量。

3.6.4　评价

- 开展受益人满意度调查；
- 记录经验教训；
- 根据目标衡量影响。

4 清　　群

4.1　原理

清群是全世界干旱地区常见的做法①。牧场主和牧民在长达数月的旱季来临之前必须出售所有的家畜，以便取得尽可能高的价格以减少损失。在长期应急情况下，如干旱或当家畜长期生活在恶劣环境时，会因为饲料供应不足而导致家畜机体状况急剧恶化。这将最终导致无法维持家畜生产，不得不以低价出售。在这种情况下，随着粮食价格的上涨和家畜价格的暴跌，养殖者将处于双重不利地位。洪水或地震等突发事件会导致当地市场交易无法进行，在这种情况下，养殖者将无法出售他们的家畜。

本章介绍了常见的清群选择：**商业清群**（也称为**加速出栏**）和**人性化屠宰消费**，同时也提出了**人道主义屠宰处理**的第三种选择。以下部分将说明如何通过清群服务于养殖者的利益，并在尽可能的条件下，帮助他们保护家畜核心群。清群常常与其他干预措施（如补饲、配水或提供动物保健服务）配合开展，因此本章可与本手册的其他章节对照阅读。

清群一般是指在应急期间，在动物因营养不良导致经济价值急剧下降或饿死之前将其运输或处理的过程。清群可以最大化利用家畜财产价值，提供急需的现金或食物，以维持危机期间的生计。在过去，虽然没有足够的证据，但是清群也被认为是通过减少家畜数量来改善退化牧场的有效方式。如今清群作为维持生计的一种手段取得了成功，因此饲养者对这种方式非常关注。

同时，我们也应考虑清群动物的福利因素，并且应该了解清群措施存在的优势和劣势（插文 7）。

（1）优势

- 饲养者可以从出售或屠宰清群动物中获得现金及食物，否则将面临继续饲养带来的饲料、管理、兽药等资金压力，养殖动物有可能大量死

---

① 《家畜突发事件应急指南和标准》（LEGS）第 4 章。

于营养不足或疫病。一般认为，在干旱时期出售或处理家畜对于活跃当地经济和提供家庭必需的食品非常重要。

- 影响评估证实，在旱灾期间出售家畜换取现金既可以推动当地经济，也为家庭采购必需的食品提供资金，还可以通过购买兽药和饲料，以及将受灾动物运出灾区来保护剩余的家畜。
- 家畜的运输减少了原牧群对饲料的需求以及其他牧群的放牧压力，有助于提高畜群中核心种畜的存活率。
- 家畜屠宰后得到的鲜肉和干肉为当地提供了动物蛋白质来源，可用于补充粮食类食品。
- 无害化处理或安全处置患病和消瘦的家畜可减少潜在的环境和卫生问题。
- 商业清群干预措施也有助于农民、牧民与家畜贸易商之间建立联系，这可以促进贸易商将其业务扩展到他们以前没有到达的偏远地区。将有助于农民、牧民销售家畜，并取得较好的收益。

➲ 插文 7　清群与动物福利

清群也有助于实现动物福利 5 个自由中的 2 个：免于饥渴和不适。把动物运输到一个条件更好的地方可以帮助它们恢复正常。必要时，屠宰清群可以使动物免于饥饿和干渴带来的痛苦。由于清群涉及处理、运输和屠宰动物，因此需要特别注意确保它们不会遭受痛苦或恐惧。

来源：《家畜突发事件应急指南和标准》，2014。

（2）缺点

- 清群干预措施一般都会成功，并受到家畜饲养者广泛关注。然而，在大范围的紧急情况下，人们对家畜的兴趣可能很高，以至于家畜交易商没有足够的资金来购买饲养者所出售的所有家畜。
- 很少有家畜交易商能够立即获得银行贷款，而且发展机构在使用发展资金方面有着诸多限制，因此，贸易商并不总是能够获取足够的资金，导致清群干预措施启动得太晚。因此，可供购买的动物质量较差，在某些情况下，屠宰清群是唯一的选择。然而，如果过早地开始清群干预，人道主义行为者提供的价格可能人为地抬高当地市场价格，从而阻止交易商以更合理的价格购买更多数量的动物，使更多的家庭受益。
- 清群动物不再属于此畜群，之后的生产水平也受到了严重影响，直到畜群通过繁育、购买或赠与等获得替代动物才会好转。
- 清群干预不应成为常规或制度化的措施。

人们越来越清楚地认识到，清群可以在需要时为家庭提供急需的现金或食品。现有证据表明，发展和援助机构适当时应积极看待清群计划。

4.2　清群类型

4.2.1　商业清群（加速出栏）

商业清群是指从受灾地区购买家畜并将其运到有饲料的地方，这样家畜就可以恢复健康，再被出售、屠宰或返回原场。加速出栏通常在一个干旱周期的早期阶段实行，此时家畜的状况仍然相对良好。它基本上是一个正常的市场过程，然而，它的效果与国家的活跃性或出口市场密切相关，如果存在出口市场，则可以销售更多的家畜。

与加速出栏相关的活动可包括：

- 向家畜交易商介绍并宣传清群的好处和目标；
- 向愿意出售的家畜饲养者介绍感兴趣的买家；
- 组织农民和中间商与当地家畜管理者和中间商召开会议；
- 暂停征收市场税；
- 通过提供安全路线（组织车队）、减免公路通行费和运输税来放宽运输限制；
- 建立运输或燃料补贴；
- 安排食品援助卡车装载购买的动物；
- 在偏远地区建立临时市场；
- 支持贸易商获得更多的临时停车场和饲养场；
- 便利获得信贷，以便交易商能够购买更多家畜。

家畜交易商通常从农村地区购买多余的家畜供应城市市场，但一些发展和援助机构通常对他们持怀疑态度，认为他们从贸易中牟取了虚高的利润。然而，驱赶家畜或用卡车将家畜运出偏远地区的成本至少会使家畜的收购价格增加 25％，从而使利润率比人们想象的要低。加速出栏选择依赖于家畜交易商的充分合作和协作，这对各方都有利，因为当交易商被引入或已经在受影响地区开展业务时，他们可以自行组织和管理大部分活动。考虑到所需的外部投入较少，所以这将是一个具有成本效益和可持续性的选择。

交易员可能会参与以下一些活动：

- 在采购地点采购饲料；
- 就购买家畜的数量、年龄和性别以及销售信息等与家畜饲养人和当地经纪人联络；
- 商定临时价格；
- 安排运输；

- 招聘当地管理人员；
- 修建临时装卸设施和装卸坡道；
- 安排付款程序。

如果能帮助家畜交易商发现新的市场机会，他们会乐于参与。在发生危机期间，可以较低的价格获得状况较差的家畜，并且可以将这些家畜运输到饲养区或饲养场，在那里它们可以迅速恢复体重并出售牟利。

有可能发生渎职和贪污行为，这在过去的清群计划中确实曾出现。因此，这些方案的实施需要有强力的监控、经常性监督以及对灾区的深入了解。与相关地区、受益人、其他援助机构、地方当局和贸易方进行定期沟通，对于确保清群计划公平并迅速解决争端至关重要。在干预前与交易员商定最低操作标准非常重要，定期监控可供出售动物的数量和状况以及现行市场价格，对于确保该方案能够对不断变化的情况作出迅速反应也是必要的。

4.2.2　人性化屠宰消费

在某些情况下，紧急情况的严重程度可能意味着可供出售的动物数量超过了市场容量。如果未售出的动物太弱，或者饲养者无力将它们带回原畜群，它们可能会被遗弃。政府和援助机构可能会考虑在当地购买和屠宰这些动物供人类食用，或者作为最后的手段进行处理。屠宰清群和肉类配送通常在自然灾害（干旱）的警报期或早期的应急阶段进行，此时家畜的身体状况仍然可以接受，肉仍然具有营养价值，可以安全地供人类食用。

因为有多个受益者，即出售动物的家庭（接受现金、食品援助或两者）、支付报酬的屠宰场、肉和皮的获得者等，所以屠宰清群是有吸引力的，除此之外，还要考虑动物福利。

与加速家畜出栏不同，购买的家畜不会运出该地区，而是在当地屠宰。家畜可能是：

- 购买并重新分配给弱势家庭或机构，用于家庭屠宰；
- 在商定的地点购买和屠宰，然后向弱势家庭、学校、医院或其他机构分发鲜肉或加工肉制品（如干肉），这通常是有组织的食品分发方案的一部分。

（1）向家庭购买和分配活家畜以供屠宰

这一方案所需人力资源较少，费用较低。一旦购买了家畜，就立即给其做标识（通常是用耳标），这样就不可再出售，随后交给受益人在他们方便的时候屠宰。经验表明，一只绵羊或山羊可以供给四个家庭，而一头大型反刍动物可以供给10～15个家庭。这将由合格人员决定适合屠宰的动物。

（2）动物的购买和屠宰以及肉类的分配

根据这一方案，可组织不同的人员负责屠宰、剥皮和分割，并在检查后将鲜肉分发给选定的受益者。或者，肉可以晒干后再分发。屠宰人员有时会建造混凝土的屠宰台，用采血坑和金属支架来辅助剥皮和屠宰。尽管屠宰台作为一种永久性的固定装置很有价值，但在临时情况下，塑料板更便宜、便携和易洗。

　　屠宰前，必须由合格人员（兽医或合格的兽医辅助专业人员）进行动物检查，以确保动物适合食用；遵守适当的动物福利措施，并进行必要的宰后检查。一旦动物被批准供人类食用，它就可以被利用起来，鲜肉可以分发给受益人（如学校、诊所、弱势家庭、监狱等），或者作为有针对性的食品援助计划的一部分分发。还应提供足够的一次性材料，以便个人在分发后进行符合卫生要求的运输和储存。

4.2.3　人道扑杀处理

　　这是当动物极度消瘦，既没有经济价值也没有营养价值时的最后手段。屠宰处理通常发生在应急期间的高峰阶段，这可能包括干旱过后，大量瘦弱动物死亡或不适合人类食用。以人道的方式处置受困的动物，对动物福利有很大的好处。但处理尸体不可避免地意味着受益者会减少，因为没有肉可分配。此外，还应考虑动物尸体安全处置的问题（详情见附录 2D）。

　　清群方案的关键问题摘要见表 2。

表 2　清群方案的关键问题摘要

要求	商业清群	人性化屠宰消费	人道扑杀处理
响应架构	预警系统有助于早期响应	危机扩大	危机扩大或家畜疫病
家畜状况	健康的身体状况	健康但日渐衰弱的身体状况	状态很差或有病
饲养场和饲料供应	足够的饲养场地和饲料供应	饲养场地不足或饲料有限且昂贵	
市场需求	易于进入市场（国内或出口）	进入市场受限	
目标地区	家畜饲养者愿意出售家畜	家畜饲养者愿意出售动物，但存在需要食物（肉类）援助的地区（当地、国内）	家畜饲养者愿意出售动物
交易商	积极主动的私人交易员	交易商已经完成了购买家畜的计划或不准备前往更偏远的地方	无论价格如何，交易商都不愿意购买劣质或病畜，或当地人员不愿意食用
银行业务	准备向交易员提供贷款的支持性银行体系		

（续）

要求	商业清群	人性化屠宰消费	人道扑杀处理
资助交易员	资助交易商到达灾害地区，会见农民或牧民并评估家畜体况	交易商到访受灾害地区的资金有限	
政府支持	通过消除贸易壁垒和市场/运输税，促进增加出栏	支持性政府机构愿意支持扑杀清群	支持政府机构愿意支持处理的扑杀清群
设施、服务		屠宰设施和操作人员，包括动物和肉类检查员	扑杀和处置的设施和人员

4.3 计划与准备

4.3.1 设计注意事项

在设计清群或市场干预措施时，必须牢记以下几点：

- 灵活性和时间安排同样重要。饲养者如何评估所饲养的家畜并不是简单地进行一个经济评估，而是涵盖一系列因素，包括评估他们的家畜可在什么条件下生存等。例如，在旱情最严重的时候，饲养者可能愿意以超低的价格出售家畜，但一旦出现下雨迹象，他们就会改变计划。需要灵活应对不断变化的情况，包括将资金转为其他干预措施的能力。

- 在包括各国政府在内的许多不同机构正在实施清群方案的情况下，通过清群小组和地方现场委员会进行协调是必不可少的。在屠宰清群情况下，应就每类和每种动物的标准价格达成协议，不论是现金还是实物。

- 同样重要的是，应该承认私营部门（无论大小）是一个关键角色和执行者。清群方案的成功一定程度取决于私营部门的参与度。最糟糕的情况是，捐赠者干预措施可能会对当地贸易商和服务提供商产生歧视和竞争。

- 应考虑如何通过提供退出策略结束方案。

- 定期监控家畜价格和状况至关重要，移动通信的广泛性极大地便利了这一点。

- 必须评估清群或市场干预措施，以评估其直接和间接对受益者的影响，并为未来总结经验。

4.3.2　干预前评估

第 2 章提供了详细的干预前评估信息，充分了解当地环境是设计成功的清群干预措施的重要前提。这将包括进入该地区及其家畜、当地社会经济因素以及家畜、饲料、市场、贸易路线和屠宰设施等更具体的信息。理想情况是，部署一个多学科评估小组，这个小组经过一些调整，通常演变成负责方案运作的小组。确定其工作范围并商定评估工具和报告格式有助于成员明确团队的目标和优先事项。

评估小组可以从各种来源收集信息（见第 2 章），具体到清群的信息可能包括：

- 受影响地区的概况，包括弱势群体及其家畜管理、易货贸易和销售安排；
- 家畜的主要用途：提供食物、经济来源、提供畜力；
- 估计参与养殖和销售的男子、妇女和儿童人数；
- 不同家庭成员在家畜管理、销售、屠宰、剥皮等方面的作用；
- 对该地区家畜数量和类型的估计，以及需要清群动物的数量等情况的估计；
- 地理环境，包括受影响的家畜市场、屠宰场和屠宰场的数量；
- 受影响特别严重的地区（灾害中心）的详细情况，这些地区的市场特别混乱，或者清群的需求特别强烈；
- 谁是主要的利益相关者和决策者，包括当地家畜交易商和屠宰者；
- 准入问题：市场、距离和进场道路的质量和分布（紧急情况发生之前和期间）；
- 可以在当地提供援助服务机构的数量和质量。

一旦收集和分析了基本信息，就可以组织会议或小组讨论，以提高对更具体设计问题的理解，例如：

- 饲料供给或市场关闭，可能需要考虑将清群作为一种选择，应收集以下信息：
    - 不同类型饲料（饲料、浓缩料和副产品）的可用性和购买价格；
    - 根据先前出现的结果，预计饲料价格上涨的程度；
    - 目前可进入的市场和将家畜转移到市场的相关成本；
    - 不同家畜品种和类型的市场价格。
- 家畜饲养者可努力减少对动物的影响，例如通过购买当地可用的饲料，以及对家庭现金流的影响；
- 家畜市场的可用性：
    - 目前可进入的市场；

— 将家畜运到这些市场的成本；

— 可供出售动物的数量和状况；

— 不同家畜的市场价格（随时间不同）。

- 以往的清群经验包括：

— 经验教训：成功与失败；

— 以往针对性举措的实用性和适用性；

— 角色和责任，包括该地区的角色和责任；

— 不同动物种类、性别和年龄的采购价格，包括现金、食品、饲料。最后，重要的是，清群评估小组将调查结果报告给农牧民和地方政府，为所有利益相关者和决策者清群合作奠定基础。此类会议讨论内容包括：清群响应的概要计划、参与的捐赠者、计划的救济援助权利，以及在计划屠宰清群时，捐赠者能够购买的家畜数量。这使主办地区可以清楚地看到干预的潜在规模和可能的受益者人数。

4.3.3 选择适当的清群类型

选择最合适的清群干预措施相对简单，因为类型与应急阶段密切相关。商业清群比屠宰清群更可取，且更适合于危害早期阶段。屠宰清群供人食用比扑杀处置更可取。清群的层次结构如下：

- 家畜贸易商的商业清群；
- 人道主义组织支持的商业清群；
- 人性化屠宰以供消费，将家畜分发给目标受益人；
- 人性化屠宰以供消费，向目标受益人分发鲜肉或加工后的肉类；
- 人道主义扑杀以供处理。

《家畜突发事件应急指南和标准》中清群决策树（第 2 版-图 4.1）可以帮助找到合适的清群方案。

4.3.4 支持服务

所有清群干预措施在一定程度上取决于当地支持服务的情况，如兽医、当地动物卫生工作者、家畜交易商和饲料供应商。在实施清群干预措施前，必须确定干预措施对支持服务的要求，并充分评估这些服务的实际情况和效能。同样重要的是，干预措施应与当地实际紧密结合，无论是政府还是私营部门，是与他们合作而不是竞争。与清群方案相关的具体支持服务可能包括：

- 家畜市场经理；
- 家畜交易商和经纪人；
- 运输车；
- 合格的兽医和肉类检查员（公共或私人）；

- 合格的兽医辅助专业人员，如社区动物卫生工作者（CAHW）；
- 家畜分销代理；有经验的屠宰企业和屠宰者；
- 经验丰富的皮革加工厂；
- 饲料供应商；
- 当地储蓄和信贷协会；
- 当地银行分行；
- 相关的当地非政府组织（NGOs）或社区组织（CBOs）。

4.3.5　风险评估

所有清群干预措施都有其固有的风险和后果，尽可能预见和评估这些风险和后果十分重要。对于清群计划，表 3 列出了潜在风险。

表 3　清群的风险和解决方案

风　　险	解决方案
通过提供免费或竞争性服务，并支付远远高于市场价格的服务，扰乱和破坏当地市场和企业经营	与相关企业成为正式合作伙伴
不经意间帮助较大饲养规模的养殖者与较小养殖者相比受益不成比例	在选择受益人的过程中，更加注重选择标准和监督
支付不同价格和适用不同条件的机构之间的差异	确保各执行机构之间的适当协调与合作
严重依赖清群维持没有发展的大群家畜，此被视为是一种安全网	确保在选择清群干预措施时给予更多关注
在偏远地区携带大量现金可能会增加安全风险	考虑使用代金券或手机银行等现金替代品
移除了市场费用，削弱了地方现金收入	确保地方当局是合作伙伴，考虑对任一收入损失的补偿
私营部门机会主义和敲诈勒索的可能性	签订适当的合同，加强监督和监管
屠宰清群期间，缺乏安全处理屠体的材料和设备	确保预算分配充足
缺乏灵活的应对缺少卖家等突然情况的能力和资金	确保方案设计具有参与性、包容性、务实性和灵活性
清群要求通常无法准确定义，因此在仍有清群需求的情况下，存在运营资金短缺的风险	确保方案设计具有参与性、包容性、务实性和灵活性
由于方案设计不善、缺乏评估标准和基本数据，会影响评价	确保评价和影响评估是方案设计的一个组成部分

4.4 实施计划

4.4.1 协调统一

多学科、多机构清群委员会或团队最适合监督特定的清群计划，这一般可以从评估委员会演变而来。委员会成员可包括直接参与的人员，例如：当地高级行政官员、地区兽医官员、家畜技术员、家畜营销专家、当地家畜交易商和目标社区的农牧民代表。该委员会应定期举行会议，如果可能的话，每周举行一次会议，以便能够迅速开展行动，并在出现问题时能够有效应对。应详细记录所有会议内容并妥善保存，以备后续的审查和评估。

重要的是，团队成员要花足够的时间相互了解，讨论首选的清群方案，就工作安排达成一致，并解决行政和后勤问题，初始规划会议期间可讨论的主题包括：

- 审查问题的程度：受影响的市场、动物、家庭和社区数量；
- 项目规模：用于清群的可用资金能减少动物的数量；
- 项目受益人概况；
- 正式和非正式的营销安排；
- 不同清群方案的利弊；
- 社会文化和宗教因素，特别是肉类处理、屠宰和分配方面的因素；
- 需要解决的行政、后勤和业务问题；
- 如何进行监控和评估；
- 通过明确界定个人和团队责任来运作团队。

此外，应在将进行清群的每个地点（在一个连续的区域，包括村庄、委员会区域或地区）设立地方委员会。应积极争取妇女作为委员会成员参与进来，以便充分考虑她们的意见、经验、关切和利益。地方委员会应在方便的时间和地点举行会议，让包括妇女在内的所有委员会成员参加。在已经存在地方委员会或类似机构的地方，不应设立新的委员会。

4.4.2 受益人的选择

受益人的选择是清群干预措施最具挑战性的内容之一，应在包括目标社区所有利益相关者的充分参与下进行。重要的是，在实际清群之前，必须解决所有的热点、难点和潜在问题。

在评估阶段，应与受影响社区讨论并商定选择受益人的标准，重要的一点，就是确定从参与社区或家庭中清去家畜的最大数量（类型）。一旦商定，方案中所有社区都遵循同样的甄选标准。

可能需要做出艰难的决定，例如，如果家畜数量很少的贫困家庭不得不出售家畜，那么危机过后，他们可能会因为家畜数量太少而无法继续经营下去，因此，他们对人道主义援助的需求可能最大。影响评估表明，这些弱势家庭在现金收益中获益最多，因为现金可用于购买食物或通过购买额外饲料来保护剩余的动物。如果干预对象是更大的畜群，那么就可以很容易地买到更多的动物，从而减轻剩余饲料资源的压力。不利的一面是，这种干预措施往往会使富裕和更具恢复力的家庭受益。家畜交易商也可能更喜欢购买牛，而最弱势群体通常拥有绵羊和山羊。

在实施之前，应讨论并商定确保男女都受益的方法。尤其重要的是，在选择受益人时，必须考虑女性——女性户主家庭和男性户主家庭中的女性——将如何受益。付款方式和地点也会影响到妇女，因此这些方面也应与当地协商讨论。

清群计划的选择标准可能包括：

- 家庭中动物的数量和种类；
- 动物状况；
- 家庭收入水平或已知的贫困情况；
- 家庭状况（女户主家庭、子女人数等）；
- 家庭规模和构成；
- 进入市场或屠宰设施；
- 其他援助方案或援助的接受方；
- 愿意参与该计划并出售动物。

4.4.3 阶段

可以将清群计划确定为不同的阶段。

（1）启动阶段

必须利用每一个机会与目标社区进行沟通和交流，这在项目开始时尤为重要。应在每个实施的地点组织一次或多次启动会议，使地方委员会成员能够向执行组织学习，并就干预的各个方面进行讨论和达成一致意见。以下是通常需要明确的共性问题：

- 地理范围；
- 如何选择受益人；
- 干预措施将（或不会）提供什么；
- 市场、屠宰设施的实际情况以及任何临时市场的地理位置；
- 建造（并支付）所需的家畜处理设施；
- 谁将负责现场的日常管理，包括运营时间和每周运营天数；
- 如何计算付款（现金或实物）以及受益人如何获得赔偿（现金、实物或代金券）；
- 如果发放了代金券，如何以及在何处兑换；
- 谁将有资格从肉类分配中受益，不要忘记诊所、学校和补饲中心等机构；

- 适当的宰前和宰后检查、动物福利和屠宰技术；
- 如何处理兽皮；
- 如何处置不适合人类食用的屠体；
- 监测进展情况的指标，例如每周屠宰的家畜数量、全额付款的最长时间；
- 地方会议时间表；
- 处理和解决争议的程序。

（2）试验阶段

一旦所有利益相关者明确了各自的角色和责任，就可以在选定的地点启动试点。在以前有过清群计划的地区，这可能是不必要的。这一阶段，需要调动足够数量的动物（购买或屠宰），以确保干预措施得到充分的测试。重点应放在评估日常运营、动物来源、支付程序、评估程序和当地响应上。

试验阶段的建议期限为一个月。干预措施可每周在多个市场中进行测试，如果本地市场失败或不起作用，则可以在进行专门组织后的市场中进行测试，并让团队一起分享经验。完成后，应尽快对其进行审查，以便尽快地推出整个方案。方案可根据调查结果作出必要的调整。在试点阶段，如有紧急情况可采取更加务实的办法。

（3）主要阶段

在对试验阶段进行审查并作出修改之后，可以制定实施计划，以便扩展到主要阶段。根据危害、应急情况的性质，这一过程可持续 1～4 个月。随着资源的迅速耗尽和危机的缓解，干预行动不太可能持续更长时间。商业清群情况下，家畜饲养场可能已满，产能达到饱和，而在屠宰清群情况下，在 4 个月内要将大部分清群的动物运走。

新阶段可能需要增加新的团队和培训更多的操作员。所有实施现场都要遵守共同的操作标准是非常重要的，通过这种方式，每个新团队都有机会参与其中学习、创新并作出贡献，从而为扩大实施清群干预措施提供足够可用的信息。与地方委员会和受益人进行良好沟通，对于提供迅速和准确的反馈至关重要，使该方案能够迅速适应不断变化的情况。

在进行清群干预后，应根据当地经验，审查通用操作标准，并制定良好的实践或清群指南，在未来可能出现的危机中，这些都是有帮助的。

（4）退出阶段

清群方案将如何结束也应当重点考虑，退出策略是项目设计的组成部分，这一点尤其重要，因为很难给出应急期间结束的明确定义。退出策略可能考虑的要点包括：

- 确保受益人、地区领导人和地方当局充分了解并理解方案的结束，特别是在应急期间和援助需求尚未结束的情况下；

- 转移方案提供的设备或基础设施的所有权和责任，例如屠宰台、新兴市场等；
- 确保可以维持和加强家畜养殖者和交易商之间的联系和纽带；
- 在当地协助寻找或征聘（培训）可以参与实施清群方案的工作人员；
- 确保当地参与各项评估，并告知评估结果和经验教训。

退出阶段通常为 6 周左右，以便移交设备和人员等，并尽快进行影响评估。时间延长会使参与人员脱离清群工作的过程太长，并会产生向该地发出不明确信息的情况。

（5）评价和影响评估阶段

清群活动完成后，应在所有利益相关者的参与下进行参与式评估（有关评价和影响评估的更多信息，见第 10 章）。重要的是，要充分记录这种评估的结果和结论，以便汲取经验教训以改进今后的干预措施。理想情况下，尽管这种情况很少发生，干预后影响评估应在至少一年后进行，以评估对目标受益人的实际影响。

4.4.4　包括哪些动物

动物清群是一种商业行为，出售动物完全是由动物所有者和交易商决定，而清群团队、当地委员会将监控并讨论这一情况。例如，如果家畜饲养时间过长或者母畜不具备生产力，则可以选择其他清群类型。

对于屠宰，需要与当地有关部门密切协商，决定将哪种动物纳入计划。年龄较大、生产力较低的动物，无论是母畜还是公畜，以及状况迅速恶化的动物都应优先考虑。应尽可能保留年轻的断奶动物和较年轻的繁殖母畜，以便在危机后重建畜群。

虚弱或患病动物，当它们毫无经济或营养价值时，应首先屠宰并进行尸体处理，出于动物福利考虑，如驴和马等其他动物也是如此。

4.4.5　动物估值

确定要清群或屠宰动物的价值、购买价格，具有一定难度和争议性。

随着加速清群，通常的做法是不干预市场价格的制定，市场价格由买卖双方协商决定。在某些特殊情况下，该计划可以设定适度的底价来保护养殖者。

在购买动物进行屠宰时，方案必须就动物的价值达成一致，这可能是现金价值（或等价的代金券）或实物支付，通常是粮食，有时两者都有。如果以粮食支付，应确保当地有足够数量的粮食来满足需求。

不用考虑家畜年龄、性别或体况时，奶牛、绵羊或山羊的价格可以是固定统一价格（现金或实物等价物）。对于没有经济价值、将被销毁和处置的动物，通常采用统一的价格。不同种类动物的价值可能会有所不同，例如，特定年龄阶段的母畜和公畜可能有特定的价格。还应该考虑动物当时体况，为了便于实际操作，系统越简单越好。如果考虑到家畜的年龄或体况，可能引起有争议的主观判断，因此，在方案中操作各方保持透明度和一致性就显得尤为重要。

4.4.6 付款

无论使用何种支付系统（现金、实物或代金券——有关代金券的更多信息，请参阅第3章），该系统都必须透明且易于理解。它需要有效率，以便受益人尽快收到全额付款，并在最短时间内返回家园。支付方式必须对执行机构的工作人员是安全的，因为在边远地区携带大量现金存在一定的危险，对受惠家庭来说也是如此。同样重要的是，支付系统在政府和其他执行机构之间能够得到协调并实现标准化操作。

4.4.7 促进市场

鼓励交易商参与到缺乏吸引力的家畜贸易市场中来是商业（加速）清群的基础。为了吸引交易商参与，可以采取一些临时或永久性的举措来促进家畜销售。

（1）市场组织

如果广告宣传得当，在提前确定好的时间和地点组织家畜交易市场，可以鼓励交易商和运输商前往更偏远的地区，因为他们知道有足够数量的家畜可供出售。这将需要当地的清群团队花时间说服农民把他们的家畜带到市场上。清群工作可能需要建立临时市场，或在必要时恢复现有市场。

（2）市场费用和税费

地方当局一般来说都会对开办市场和使用的屠宰设施进行收费，因为这是他们不愿放弃的、宝贵的收入来源。然而，特别是在加速出栏的情况下，暂时取消市场、运输费用或运输许可，可以鼓励家畜交易商进入和参与当地市场交易。此时，可以考虑补偿当地全部或部分损失的收入。

（3）运输补贴

运输补贴是另一个有争议的问题。在燃料价格高时，运输成本就会提高，交易商就会将这部分支出计入价格中。燃料补贴可能对提高偏远地区家畜出栏方面产生影响。目前的挑战是如何建立和管理运输补贴，使其只惠及偏远地区的家畜饲养者，并鼓励提供更多的出栏家畜。一种选择是在偏远市场，根据约定运输的最少动物数量，直接向那些运输商发放燃料券。具有价值和体况好的动物有可能促进发放运输补贴，从而鼓励采购运输那些本来可能对交易商没有吸引力的家畜，尤其是绵羊和山羊，因为它们的利润率一般低于牛。然而，实行运输补贴需要严格的控制机制，以避免滥用和欺诈性索赔。

许多应急情况下，一般都会有大量的救援粮食和设备运入受灾地区，可利用这些回城卡车运输动物。

4.4.8　屠宰清群、屠宰和分配

通常的做法是建立小型、流动的屠宰小组，对选定的家畜进行屠宰、剥皮和分割。这些小组应包括一名经验丰富的屠宰工，一名合格的兽医或肉类检查员，以及动物处理人员和普通工人。在大多数情况下，屠宰工可以屠宰和分割尸体。这些小组通常在整个方案中按照一个预先确定的时间表在不同的地点开展工作。

屠宰组有时需要建造混凝土屠宰台，其中含有采血坑和附属的金属支架，待屠宰动物在这里被吊起来屠宰及剥皮。另一个选择是由当地修建临时的屠宰设施提供给他们。尽管屠宰台在某些情况下可能有用，但目前许多机构建议使用便携式支架和塑料板，因为它们更便宜、便携、可清洗且可重复使用。

小组需要基本装备，如：屠宰刀、切肉刀、骨锯、肉钩、绳索、滑轮、防护服、围裙、靴子、消毒液等。为了人道地屠宰动物，首选的方案是使用电晕枪击晕屠宰动物，但在选择屠宰方案时还应将当地的文化习俗一并考虑在内。

屠宰前，有资质的专业人员进行宰前检查是很重要的。肉类检查员还应确保各项操作遵守适当的动物福利要求，并对肉类进行宰后检验。世界动物卫生组织出版的《陆生动物卫生法典》* 提供了更为详细的信息。一旦批准动物可供人类食用，要么屠宰后将鲜肉分发给商定的受益人和机构，要么作为定向饲养计划的一部分。鲜肉运输时应提供适当的包装（防油纸等），以便将肉从屠宰场运输到消费地。标准流程为：

- 宰前检查；
- 根据当地习俗和适当的动物福利标准进行屠宰；
- 悬挂动物和剥皮；
- 尸检；
- 屠宰和分配；
- 废物处理；
- 清洁。

如果肉要晒干，最好运到通风干燥的棚子里，至少晾干 3 天，然后再晒3～4 天。肉干可以保存并运输到很远的地方，但它的生产成本更高，属于劳动密集型工作。因此，只有当屠宰的家畜数量过多，鲜肉供给超过当地消费能力时，才建议使用。

屠宰动物可能存在人畜共患病的风险，要注意炭疽、裂谷热（VAF）和一些寄生虫病等。如存在人畜共患病风险，应特别注意操作人员的安全和健康（例如，提供足够的防护服）。

---

* http：//www.oie.int/international-standard-setting/terrestrial-code/access-online/

4.4.9　兽皮管理

兽皮管理为实施机构提供了成本回收的机会，也为受影响地区带来了额外的利益，包括：

- 受惠家庭可清洁和干燥分发的家畜的皮，并将其返还执行机构，供日后出售。
- 可将皮赠予其他受益人（如妇女团体），作为创收活动进行加工和销售。

皮革检查养护技术。要认真仔细剥皮以避免割伤和损伤，并要去除多余的肉和脂肪，因为这会降低皮的价值。简单的培训和指导在提高皮革和兽皮价值方面具有重要的意义。大多数养护技术都需要加盐。传统的"堆叠腌制"需要放入兽皮重量1/3的盐，在自然干燥时也需要少量的盐分处理。

4.5　有关监控、评价和影响评估的说明

需要提供翔实的清群的证据，这对监控和影响评估非常重要。全面的证据可以证明清群是一种可靠且有效的应急措施，它通常侧重于对受益人本身产生的实际影响。影响评估绝不是所有清群计划的例行工作，对众多的小干预措施进行全面评估往往是不现实的。在这种情况下，执行机构可考虑对一些独立但相似的干预措施进行影响评估。这样一来，各机构可以有更广泛的合作空间，以便进行更全面的影响评估。不过，清群计划的真正影响可能要到干预后的一段时间才会逐渐显现出来。

4.5.1　监控

在任何清群干预中，建立和做好详细记录十分重要，将这些记录与方案目标和指标对照，以评价清群进展情况。详细记录对于评估清群方案的总体影响以及作为向当地和捐赠人通报情况的一种手段，具有重要价值。需要什么样的信息、如何收集、由谁收集，这些都是规划过程中需要认真考虑的问题。

并不是所有的信息都是现成的或容易收集的，在签发分包合同的时候，可将提供信息列为一项合同义务。然而，从私营部门收集信息，尤其是由那些没有签订合同的交易商完成，可能具有一定的困难。收集信息的类型举例如下：

（1）受益人

- 类型和数量（家畜售卖方、当地机构、肉品接受方或直接就业）；
- 每类受益人的家庭数量（可分类）；
- 住户位置；
- 女性受益人数。

（2）动物

- 项目直接购买的动物数量（按动物种类、性别、年龄、条件和地点划分）；

- 由方案促成的交易商购买的动物数量（按动物种类、性别、年龄、条件和地点划分）；
- 从受影响区域购买和运输的动物数量（按动物种类、性别、年龄、条件和地点划分）；
- 屠宰供人类食用的动物数量（按动物种类、性别、年龄、条件和地点划分）；
- 屠宰处理的动物数量（按动物种类、性别、年龄和地点划分）。

（3）肉、兽皮

- 按适合人类食用的动物种类划分重量（肉、骨和内脏）（估计值）；
- 接收人数；
- 按不适合人类消费的动物种类划分重量（肉、骨和内脏）（估计值）；
- 兽皮的数量（按动物种类划分）。

（4）成本

- 购买动物的成本（按动物种类、性别、年龄、条件和地点划分）；
- 屠宰成本；
- 运输补贴、市场费用等；
- 全职或临时雇用人员的工资；
- 运营成本。

（5）屠宰和营销

- 屠宰台的数量和位置；
- 市场的数量和规模；
- 一段时间内，每个市场出售的动物数量；
- 不同种类动物每周市场价格；
- 与该方案有关的市场交易商人数。

在理想情况下，应为每个卖方和接收方填写监控表格，因为操作规模的原因，可能填写表格的难度较大。如果决定不需要保留全部细节，则应保留基本信息的汇总，即日期、地点、地区、动物编号、单价和签名。表4和表5列出了监控内容（针对家畜售卖方和肉类消费者）。

表 4　家畜出售监控表

日期	家庭	村庄/位置	地区	动物种类	家畜销售数量	单价	销售总价	卖方签字

表 5　肉类接收监控表

日期	家庭	成人人数	儿童人数	位置	地区	肉的数量	签字

4.5.2　责任

与外部报告要求同样重要的是，目标社区还必须定期更新清群计划的进展情况，以便能够提供所有重要的反馈。应在测试和主要执行阶段安排会议，由妇女和男子参加，向与会者通报执行和进展情况，应保留会议记录并提供给项目评审小组。此外，由高级方案工作人员参加的更大规模的季度审查会议有助于确保清群持续满足当地的需要，并产生预期的影响。

其他有助于为清群方案提供的信息，并确保尽可能按照高标准执行：

- 向当地介绍执行机构和清群团队，并概述他们的清群经验；
- 让当地负责人和广大公众参与清群计划的设计、开发和实施的所有阶段；
- 让参与者从清群中看到变化，并商定且实现一些关键性的成功指标；
- 对照商定的清群指标监控进展情况，并对执行中的方案进行相应的调整；
- 进行影响评估以更详细地分析清群的影响，并提供相关证据；
- 传播影响研究的结果。

4.5.3　影响评估

影响评估对于摸清清群计划的成本效益和实际效益，以及确定措施有效性的根据，都非常重要。评估通常还可以总结经验教训，并为未来的清群干预措施提出建议，从影响评估中得出的结果和教训使其具有宝贵的价值，因此应向公众广泛宣传。例如，在埃塞俄比亚的 2005—2006 年旱灾中，作为拯救儿童而采取的清群方案，影响评估报告确认效益成本比为 41∶1，报告提供了有用的资料，对受益家庭如何使用出售家畜所得的现金进行了详细说明。证据表明，受益者合理地使用了现金，而且大部分资金都在当地使用，从而刺激了当地经济——尤其是在粮食援助前就将现金投入到当地经济之中。这项研究还显示，有些可能会死亡的家畜，最终出口销售，从而增加了出口收入。

影响评估有助于建立一套强有力的证据来评估清群干预措施，因此，评估必须尽可能具有参与性和独立性。可以想象，许多捐赠者会提出进行影响评估的要求，所以评估必须要提前设计并有足够的预算，而不是待方案完成后再考虑。在方案开始前就将影响评估列入其中，并确定评估人员，由此可让评估员全面系统地参与监控系统的设计。

4.6　检查清单

4.6.1　基础信息

- 紧急情况已到什么阶段？
- 家畜上市的情况如何？
- 当地和终端市场的家畜价格如何？
- 当地粮食和饲料价格发生了什么变化？
- 是否有出售、供应动物的需求？
- 是否需要购买动物？
- 哪些地方机构和援助服务可以促进清群？
- 相关基础设施（市场、道路、水和电）是否已充分落实？

4.6.2　设计注意事项

- 是否阅读了《家畜突发事件应急指南和标准》相关章节？
- 清群是最合适的干预措施吗？是否正在研究替代方案（见《家畜突发事件应急指南和标准》中参与响应识别矩阵）？
- 是否充分了解灾害的规模和范围及其影响？
- 是否设立了国家、省或地区灾害响应委员会？
- 清群是否会与其他干预措施一起进行？
- 在该地区有哪些潜在的合作伙伴（政府、国际或国家 NGOs、CBOs）？
- 是否有合作空间，如建立协调论坛？
- 是否有与家畜交易商合作的现有机制？
- 拟定的时间表是否可行？
- 如果情况发生变化，在设计上是否有足够的灵活性，在接到通知后立即将资金转用于其他活动？
- 是否有退出策略？
- 是否考虑到监控、评价和评估要求？
- 是否考虑到确保利益相关者参与的方式（地方当局、社区、受益人等）？

4.6.3　准备

- 是否成立了家畜应急响应委员会？
- 是否成立了清群团队，是否具备必要的技能和专业知识？
- 是否已讨论并商定了适当的清群方案？
- 是否充分确定了干预的规模（地理区域、受益人数量、待清群的动物数量和类型）？

- 预期目标和预算是否可行，是否有时间表？
- 是否成立了当地现场委员会？
- 当地是否具备所需技能，是否必须引进这些技能，是否需要培训？
- 是否有特别需要确定并优先考虑的"重点事项"？
- 活动周期中是否存在可以识别和突出的特定薄弱环节？
- 是否有正在进行的食物分配方案，可以分配方案中的鲜肉或干肉？他们是否有正返回的空车或是车内还有多余的空间？
- 受益者（包括妇女）和地方当局是否有足够的代表性？
- 是否进行了需求评估？
- 是否与主要利益相关者和地方当局讨论并商定受益人的选择？
- 受益人和主要利益攸关方（地方当局）是否已充分了解拟议的干预措施及其运作的基本流程？
- 将包括哪些种类和类别的家畜（性别和年龄）？
- 是否清楚该计划购买的动物将如何估价，是否制定了标准价格？
- 是否讨论并商定了不同的付款安排？
- 如果使用代金券，是否已印刷？
- 是否制定了当地合同协议，是否明确无误？
- 是否有解决争端的机制？
- 如果灾害比预期时间短或长，是否有应急计划？
- 是否充分涵盖了方案的监测要求？
- 是否对潜在风险进行了充分评估？
- 是否制定并打印了监控表？

4.6.4 商业清群（加速出栏）

- 交易商是否已经在该地区运营，他们是否愿意合作？
- 基础设施是否到位，以便使家畜能够顺利运输，尤其是从偏远地区？
- 是否存在（临时）停车场，或是否需要提供？
- 有卡车通道吗？
- 市场和供应路线沿线是否有饲料和水？
- 是否有任何特殊的限制条件（市场费用、运输许可证、高燃油价格）可以放宽？
- 什么限制了最弱势群体进入市场？
- 可以采取哪些预防措施来帮助最脆弱的群体？
- 更大、更不易受伤害的养殖者是否具有不相称的优势？

4.6.5 人性化屠宰消费

- 现有（如有）屠宰设施的状况如何？

- 是否有资质人员检查屠宰前的动物、屠宰后的动物以及肉品？
- 参与屠宰的人是否了解动物福利原则？
- 是否有培训要求？
- 当地是否有关于屠宰家畜的宗教或社会文化要求？
- 最脆弱的社区、家庭和个人是否被确定为主要受益者？
- 应针对哪些弱势群体（或机构）提供从清群行动中获取肉品服务？
- 如何处理皮革？
- 是否确定了设备和用品要求？

5 兽医支持

5.1 原理

自然和冲突引发的灾害影响家畜的健康、福祉和生产力；这反过来对家庭经济和生计以及动物福利产生影响。兽医支持[①]可以预防疫病和死亡，并帮助保留幸存动物的价值。本章讨论与灾害和人道主义突发事件相关的动物卫生问题[②]。

灾害以各种方式影响动物卫生状况，包括：

- 由于寒冷、饲料或饮水不足导致的虚弱，对疫病的易感性增加。

- 干旱后（一旦下雨），动物可能会因突然的降温而受到很大的健康压力，并容易受到新草场生长期间普遍存在的疫病（例如体内寄生虫病、黑腿病、肠毒血症等）的影响。

- 特殊的环境可能导致特定的疫病风险。例如，洪水会导致体内寄生虫或疫病传播媒介（例如传播裂谷热的蚊子）的增加。在境内救援营地或放牧面积减少的地方，拥挤的动物也会增加疫病的传播。

- 由于共享有限的生活空间和水源，人畜共患病（可在动物和人类之间传播）的风险增加。

- 在发生地震等严重灾害之后，许多受伤的动物可能需要立即进行临床护理。有些可能需要人道扑杀。

- 存活的动物将需要与平时一样的预防和治疗，但是服务可能已经中断，或者家畜所有者可能没有财力支付治疗费用。

- 由于灾害（洪水、雪灾、地震）无法到达，服务可能会中断，或者服

---

① 《家畜突发事件应急指南和标准》(LEGS) 第 5 章。

② 重大的跨境动物疫病可被官方宣布为突发事件，2006 年以后暴发的 H5N1 高致病性禽流感就是一个例证。这章没有提出这些事件的预防和控制，这些内容在广泛应用的 FAO - EMPRES（跨境动植物病害和疫病应急预防和控制系统）指南中有介绍，例如 FAO《良好应急管理实践：必要元素》第二版（FAO 畜牧生产及动物卫生手册第 11 号），以及世界动物卫生组织（OIE）推荐的指南。

务提供商本身可能会受到灾难的影响。

- 冲突局势给寻求动物保健的服务提供者和家畜所有人都带来了特殊的安全问题；将人员转移到较安全的地区或境内救援营地可能会使现有服务不堪重负。

灾害影响了人们获得动物保健服务（公共和私人）的机会，而这些服务总是受到破坏或不堪重负。然而，家畜所有者需要在应急期间获得这些服务，以保护他们的家畜并维持生产力。以家畜为生的牧民尤其脆弱，贫穷家庭也是如此，他们仅有的家畜可能是他们唯一的财产。除了获得动物保健服务外，还需要良好的饲养管理以及充足的饲料和水，以保持动物的健康。

单纯的动物健康干预措施不一定会产生预期的效果。如果动物状况不佳，例如挨饿或脱水，仅依靠治疗和接种疫苗不会产生任何效果。俗话说："没有针对饥饿的疫苗。"如果没有正常运作的兽医服务，患病动物或尸体也可能构成公共卫生危害。

动物卫生通常与其他干预措施一起进行。例如，放养涉及对动物的获取和分配的大量投资，因此，保持动物健康状况至关重要。LEGS 指南清楚地指出了兽医护理可以提供的动物福利支持（插文 8）。

用于临床兽医服务的 LEGS 决策树（LEGS 第 2 版）是确定适当兽医支持干预措施的有价值工具。

> ## ➡ 插文 8 兽医支持与动物福利
>
> 作为应急响应的一部分，兽医支持也有助于动物福利的五种自由之一，即免受痛苦、伤害或疫病的自由。它以多种方式执行此操作，包括：
>
> - 预防疫病，例如通过疫苗接种；
> - 快速诊断和治疗；
> - 通过治疗寄生虫或向营养不良的动物提供维生素和矿物质来改善畜群健康；
> - 由于加强了监测和疫病报告，因此可以快速应对疫病的发生。
>
> 资料来源：《家畜突发事件应急指南和标准》，2014。

5.2 兽医支持的类型

选择最合适的兽医干预措施具有一定的难度。选择支持临床服务还是侧重于公共卫生问题，将取决于对需求的全面评估以及对收益成本的考虑。这些信息允许就治疗的规模和类型、所需的药物和疫苗以及任何额外的培训需求来做出决定。

为了确定如何最好地满足社会需求，将兽医服务分为临床兽医服务和公共部门兽医服务可能会有所帮助，每一类都有不同的目标和交付系统。如 LEGS 所述，这两个类别及其中的各种选项构成了本章的基础。

临床兽医服务

- 对单个动物或畜群的检查和治疗；
- 疫病控制和预防计划，包括疫苗接种、驱虫和管理建议。

公共部门兽医职能

- 涉及人畜共患病、公共卫生和尸体处置的兽医公共卫生活动；
- 家畜疫病监测；
- 法定传染病的控制。

5.2.1 临床兽医服务

通常将下面这些列入私人服务，为病畜、伤畜进行治疗和预防性治疗，以及提供疫苗接种以预防季节性疫病暴发［例如家禽的新城疫（NCD）、幼牛的黑腿病、绵羊的巴氏杆菌病和梭状芽孢杆菌病、骆驼痘、非洲马瘟（AHS）等］，以及因突发事件而发生的疫病（例如，洪水后接触孢子引起的炭疽病）。无论是出于经济原因还是社会原因，这些类型的服务让人们可以选择治疗他们认为对他们及其动物重要的疫病。由于政府服务有预算限制，越来越多的此类服务由私营机构提供，包括兽医，以及在适当情况下由兽医辅助专业人员提供。

（1）社区动物卫生服务

许多政府和发展机构支持建立和发展以社区为基础的动物卫生服务，对当地家畜饲养者进行培训，使其成为社区动物卫生工作者（CAHW），以处理影响其所在地区家畜的主要疫病。

社区动物卫生工作者是兽医辅助专业人员，经兽医法定机构授权，在注册或拥有执照的兽医负责和指导下，执行某些兽医任务。经过培训后，社区动物卫生工作者通过公共或私营部门在兽医监督下提供私营服务。社区动物卫生工作者与政府兽医服务部门密切合作，还可在疫病报告和监测中发挥重要作用。在一些国家，实地工作的兽医要与社区动物卫生工作者开展合作。在应急期间，社区动物卫生工作者可以发挥重要作用，并且很少将自己仅局限于动物健康职责。

本手册中有关社区动物卫生工作者作用和职责的建议仅适用于社区动物卫生工作者地位得到相关当局认可的国家。

（2）个体动物和畜群的检查和治疗

这包括治疗生病、受伤害的动物。在存在某种形式的兽医服务的地方，任何动物健康干预措施都应支持这些系统，并且外部支持不得与本地服务存在不公平竞争，如果在不适当的情况下提供免费或高补贴的药物和服务，就可能发生这种不公平竞争情况。

越来越多地将现金转移和代金券作为人们获得动物照料和支持当地私营服务提供者的手段（代金券将在本章稍后详细介绍）。

（3）大规模药物治疗和疫苗接种活动

这些活动旨在通过有组织的"一次性"活动，为大量动物提供药物或疫苗接种来预防和减少突发情况下的疫病。通常会向牧民免费提供治疗，因此在规划时需要考虑此类活动对私营服务提供者的影响。可以将提供药物或疫苗接种分包给临床服务提供者，支持他们可以确保资金进入当地经济。

疫苗接种和治疗活动必须基于完善的流行病学（疫病情况）知识，包括当地畜主应对疫病的季节性和传播方式非常熟悉。大多数疫病发生是有季节性的，实施者和资助者不应假定灾害本身可能导致任何特定疫病的增加，尽管发生了紧急情况，这种情况仍将如此。在了解疫病风险之前，需要评估灾害对家畜的影响。一些突发事件可能会增加家畜患病的风险，例如，通过与收容所中的动物密切接触，以及接触新的疫病；而其他突发情况可能对疫病暴发影响甚微。

5.2.2　公共部门兽医职能

紧急动物健康干预措施可能适合于支持公共兽医服务，这些服务通常称为公益服务。

所需的支持将取决于政府兽医服务的现有能力及其扩大业务的潜力。国家关于疫病控制和谁可以提供兽医服务的政策也将影响所需的支持类型。可以提供外部支持的公共部门服务领域包括：

- 建立处理公共卫生和动物福利问题的制度（安乐死和动物尸体处理，提高公众卫生意识），这包括：
  — 使人们意识到，当人类与动物共享有限的生活空间（例如在营地）时，特定疫病的风险会增加。除了已经提到的裂谷热和炭疽以外，还可能暴发包括通过食肉动物传播的狂犬病、结核病、布鲁氏菌病和其他寄生虫病以及高致病性禽流感。大量暴露的尸体也构成疫病风险，应使人们知晓处置方法。
  — 审查肉类和其他动物产品的食品卫生。例如，是否需要建立或支持肉类检验？人们煮牛奶，并且煮熟肉类，是否为了防止布鲁氏菌病和结核病的传播？
  — 可针对灾害开展具体提高公众意识的活动。
  — 确定特定地区的重点疫病，以及控制和预防属于国家兽医当局职权范围的疫病。

- 建立和管理疫病监测系统，包括聘请兽医辅助专业人员，并确保高质量（准确及时）的报告。
- 根据需要进行参与性流行病学培训，以确保兽医工作人员能够快速评估特定时间或事件（例如洪水）的潜在的疫病风险。
- 明确兽医部门支持和监督合法化的社区动物卫生工作者的角色和职责，这包括：
  — 确定可以由私营机构提供的疫苗接种（例如新城疫、炭疽、黑腿病、巴氏杆菌病），以及兽医部门应负责的疫苗（例如高致病性禽流感、布鲁氏菌病、经典猪瘟、非洲马瘟等）。
  — 要求某些兽医主管部门负责确保所有服务提供商遵循正确的疫苗管理和疫苗接种方案。
  — 确保有足够的服务提供者接受培训，并明确他们的角色和职责。
- 解决国家兽医标准问题，包括动物卫生服务的可用性、可及性、质量、可负担性和可接受性。
- 规划疫苗接种活动，将其作为整体疫病预防策略的一部分，而不是一次性的应急响应。
- 协助兽药和疫苗的采购、质量控制和运输。
- 建立和维护有效的冷链。
- 制订应急计划，以应对暴发特定疫病或人及其动物大规模迁移的情况。
- 建立协调反应机制，提供高质量的疫苗和药品。

疫病监测

对法定报告疫病的监测应尽可能遵守世界动物卫生组织（OIE）[①] 标准的疫病监视程序。OIE 或 FAO 可提供有关适当监测措施的进一步建议[②]。所有疫病报告必须提交给中央机构，或者在没有政府的情况下，由负责汇编和传播信息的牵头当局或机构提交。如果没有政府兽医服务，执行机构必须确保社区动物卫生工作者每月提交疫病报告，并将信息汇编成区域范围的报告提交给中央当局或机构。

表 6 中列出兽医支持干预措施的优缺点，摘自 2014 年 LEGS 指南。

[①] 世界动物卫生组织《陆生动物卫生法典》，见 http：//www. oie. int/eng/normes/mcode/en _ sommaire. htm。

[②] 疫病流行情况可参照 FAO EMPRES 指南提交，见 http：//www. fao. org/ag/againfo/pro-grammes/en/empres/home. asp。

表 6　兽医支持干预措施的优缺点

选项 1. 临床兽医服务

子选项	优点	缺点
个别动物/畜群的检查和治疗	• 灵活且可提供个性化的兽医护理 • 可以支持现有的私营机构服务提供商，例如通过代金券计划 • 覆盖面广，特别是当使用训练有素和监督的兽医辅助专业人员时 • 允许针对处于危险中的个体动物或畜群开展预防性治疗或疫苗接种 • 可以获得一些对动物死亡率影响的定量证据	• 如果免费提供，服务的覆盖范围和持续时间可能会受到预算的限制 • 如果免费提供，可能会破坏现有的私营机构服务提供商 • 当地可用药物的质量可能很差
大规模用药或疫苗接种计划	• 设计和实施相对容易 • 大规模驱虫不需要冷链 • 每头动物的成本低 • 如果有效实施，大规模用药可提高家畜的存活率和产量 • 大量用药有可能为兽医部门提供收入，例如代金券计划	• 许多地区的实验室设施薄弱，无法对特定疫病进行确诊 • 在没有基本流行病学信息的情况下，难以正确设计大规模疫苗接种计划 • 覆盖范围通常由预算而非技术设计标准决定 • 免费治疗和疫苗接种会破坏私营机构利益 • 对于许多疫苗，需要建立冷链系统 • 动物对疫苗接种免疫反应不佳的风险已经减弱，例如，由于缺乏饲料 • 当地可用药物质量可能很差

选项 2：支持公共兽医服务功能

子选项	优点	缺点
兽医公共卫生	• 提高公众意识的费用通常不高 • 可以促进兽医和人类健康部门之间的合作	• 需要利用特殊的专业知识来设计和测试当地语言的教育材料 • 如果管理和时间安排不当，可能会从更直接的基于生计的援助中转移资源 • 需要基于明确定义的监测目标

（续）

选项 2：支持公共兽医服务功能		
子选项	优点	缺点
家畜疫病监测系统	• 可以补充所有其他兽医干预措施并协助评估这些干预措施的影响 • 促进中央兽医当局与受影响地区之间的联系 • 有助于促进某些国家和地区的国际家畜贸易	• 很容易成为数据驱动而非行动导向的流程 • 如果管理和时间安排不当，可能会从更直接的基于生计的援助中转移资源

5.3 计划与准备

5.3.1 评估情况

评估是任何动物卫生干预措施的首要活动之一。尽可能全面地了解突发事件，对于设计一个成功的动物卫生干预措施是至关重要的。这应涵盖特定紧急情况的地理、流行病学、社会、文化、宗教和经济背景，以及其物理参数，例如区域面积、动物、可用饲料、市场、屠宰设施、兽医服务中心、兽医和兽医辅助专业人员的数量和服务范围、药品和设备供应等。特别应注意了解正常疫病情况，包括季节性疫病模式，因为这将作为评估灾害本身和所采取干预措施影响的基准。

兽医服务的评估通常基于以下 5 项提供服务的关键指标（本节摘自本手册第 10 章）。这些指标为根据情况而制定的干预措施提供了明确的框架。

- **可及性**是家畜饲养者与最近的受过培训的服务提供者（例如，社区动物卫生工作者）或定点设施（例如兽药房）之间的物理距离。该距离可以用千米或旅行时间来衡量。
- **可用性**是衡量一项服务在一个区域内广泛使用程度的指标。一个地区可能有很多兽医，但是如果他们都集中在一个主要城镇，则城镇可以使用该服务，但农村人员无法使用。相比之下，兽医工作者可能与家畜饲养者很近，但是如果他/她每周仅工作一天，他们可以咨询但无法开展工作。可以使用每周的可用小时数来衡量可用性。兽药等所需物品的范围和数量是可用性的另一项衡量标准。
- **负担能力**是人们支付服务费用的能力。鉴于有必要在紧急情况下将弱势群体作为目标群体，因此，对负担能力的评估应包括检验较贫困人口支付服务的能力。在兽医服务方面，将兽医护理的费用与本地动物的市场价值进行比较，有助于了解负担能力和治疗成本效益。

- **认同度**是与服务和服务提供者的社会文化、宗教和政治接纳程度有关，并受社会文化和宗教规范、种族、性别、语言能力和其他问题的影响。

- **服务质量**可以通过对服务提供者的培训水平、技术知识和技能、沟通技巧以及可使用的物品或设备的质量和范围来衡量。

除了这 5 项关键指标外，下面还重点阐述提供有效临床兽医服务的基本要素。在计划实施动物健康干预措施时，应将它们全部考虑在内：

- 重要的是要了解和阐明各种公共和私营部门服务提供者的作用，并认识到公私伙伴关系的潜力。

- 私营动物卫生工作者通常会提供"一线"（或初级）临床护理和经批准的疫苗接种服务。公共部门的兽医监督和支持初级保健服务提供者。某些应通报的疫病（通常是严重的人畜共患病或流行病）可由兽医当局控制。重要的是，初级保健服务提供者必须了解其所在地区应报告的疫病。

- 新建立的系统必须支持和发展现有的主要服务提供者。

- 从社区到政府，各方都必须认识到，最初的服务旨在应对眼前的危机，但从长远来看，有望发展成为可持续的服务。

理想情况下，评估团队将是多学科和跨学科的，而不是纯粹的兽医学，并包括所有相关机构的代表，其中特别强调性别平衡。目标群体生计系统的经验和知识是必不可少的，研究小组还应具有使用预期评估方法的经验，如有可能，还应具有参与性流行病学的经验，以了解疫病情况。

评估小组需要确定其范围、目标、优先事项和业务安排。需要明确每个成员的职责，以及所使用的评估工具和报告格式。该团队需要评估建议干预措施的风险，并解决重要问题，例如提供免费或有补贴的服务，以及如何支持现有服务提供者。

团队应通过多种渠道收集信息，包括：主要和次要文献（通常称为"灰色"文献，例如未发表的报告）；当地疫病监测计划的结果；临床和实验室记录；家畜主人；兽医和兽医辅助专业人员；当地政府官员和社区领导。

在可能的情况下，当地社区代表应参与评估过程。他们可能具有宝贵的知识、经验和意见，例如，较贫困的家庭可能饲养山羊、绵羊和家禽，而较富裕的家庭可能拥有骆驼、水牛、牛和马。妇女和儿童可能更了解他们管理的小型家畜（家禽、兔子）、小反刍动物（绵羊、山羊）和驴的疫病，而男性可能更了解大型动物（牛、骆驼、水牛等）的信息。评估团队与社区和政府分享其研究结果也非常重要。

(1) 收集的信息

- 背景：
  - — 受影响地区的物理边界；
  - — 估计受影响的畜禽总数（按物种、性别和年龄划分）；
  - — 确定关键的利益相关者和决策者，包括政府当局和服务部门、社区负责人、私人利益相关者（服务提供者）。
- 灾害严重性：
  - — 动物的一般情况；
  - — 家畜发病率和死亡率。
- 已知和潜在的动物卫生威胁：
  - — 应急造成的伤害；
  - — 传染性细菌和病毒性疫病；
  - — 非传染性疫病（营养和生殖障碍、中毒、创伤、热应激等）；
  - — 体内寄生虫（蠕虫）和体外寄生虫（蜱、螨等）；
  - — 季节性疫病模式；
  - — 存在特定疫病风险的地理区域；
  - — 控制和预防疫病的本地（应对）策略。
- 受影响社区，包括弱势群体的概况：
  - — 家庭规模和组成；
  - — 平均家畜饲养量（数量和种类）；
  - — 可获得的动物卫生服务；
  - — 当地动物卫生服务的负担能力；
  - — 家畜获得其他需求（食物、水、住所）；
  - — 确定无法负担现有服务的弱势群体；
  - — 需要特殊帮助的特定家庭或动物群体，如女性户主家庭、HIV/艾滋病感染者、贫穷及易受到伤害的家庭。
- 可用资源：
  - — 兽医和兽医辅助专业人员、兽药房、饲养场、市场等数量和分布；
  - — 道路的距离和状况（道路是否可通行或安全）；
  - — 是否有私营和公共动物卫生服务提供者，以及他们对受灾地区的覆盖范围；
  - — 灾害前后，他们提供的服务类型；
  - — 为受影响群体的所有部门提供服务的负担能力；
  - — 服务提供者在没有额外援助的情况下，在其区域内活动的能力；

— 携带药品和金钱的动物卫生工作者所在区域的安全性；

— 兽医用品（疫苗、抗生素等）供应情况以及动物卫生工作者能否取得这些用品；

— 有效的疫苗供应冷链的可用性。

- 以往动物卫生干预的经验包括：

— 成功和失败的经验教训；

— 以往针对性举措的实用性和适当性；

— 包括社区的角色和责任；

— 接种疫苗、接受治疗、采购和发放药物；

— 影响评估和对以往干预措施的评价。

（2）已知和潜在的动物健康威胁

全面了解灾区的正常动物疫病状况，对于在紧急情况下制定有效的应对措施至关重要。以下来源可以帮助确定主要的动物疫病：

- 畜主通常了解其动物所具有的疫病，尤其是在牧区，了解疫病流行病学。

- 当地知识也有助于了解特定时期内可能带来特别高风险的疫病。

- 地方政府和私营部门的兽医以及兽医辅助专业人员应参与此类磋商，因为他们具有该领域的经验和背景知识。

- 可以对照兽医部门记录、私营兽药店销售记录、与兽药店工作人员的讨论以及代理商报告等信息。

（3）动物卫生服务提供者的可用性

评估应明确服务方面的差距，例如，需要培训和部署更多兽医和兽医辅助专业人员的地方。所需的兽医或兽医助手的数量取决于：

- 指定地区畜禽的数量和分布；

- 服务提供者提供服务区域地形的困难程度；

- 畜禽活动（饲养方式）以及它们如何受到紧急情况的影响；

- 提议的动物卫生干预措施的类型和范围。

（4）兽医服务的可及性

- 灾害可能损坏了道路，限制了服务提供者、主人及其家畜的行动。然后，机构可能不得不考虑使用其他交通运输工具，例如船甚至飞机，以帮助提供者达到受灾地。摩托车、自行车、驴、骡甚至骆驼可以提供廉价的方式到达偏远地区，并且可能需要提供这些信息以加快响应速度，它们应尽可能以信贷或补贴的方式提供，而不是免费分发。如果使用驮畜，则必须考虑福利因素，以确保对动物进行适当的照料而不加以剥削。确保驮畜良好福利的关键因素，包括提供充足的饲料和水、适当的设备和垫料，使动物有足够的休息时间以及确保不使用受伤、身体不适、虚弱和怀孕的动物。

- 动物卫生服务提供者和药剂师可能无法与他们的正常供应商联系，因此可能需要向他们提供兽药和设备。显然，使用船只和飞机会带来高昂的后勤和运营成本，在使用前应该进行彻底评估。可能有机会与提供不同服务的其他机构分担运输费用。

5.3.2 设计注意事项

在设计动物健康干预措施时，请牢记以下几点：

- 是否充分理解建议的干预措施的**目标**和预期结果，并基于合理的科学证据和当地动物卫生环境的知识？
- **灵活性和时机**至关重要。需要灵活性来快速响应不断变化的当地情况（季节，新发疫病），包括将资金转换为其他干预措施的能力。
- 即使在明确需要动物卫生干预的情况下，也必须提出一个问题：在当前不断变化的条件下是否可行？
- 公共兽医服务总会以某种方式参与任何动物卫生预防工作，可能还有其他机构也在进行类似的工作，因此，**协调与合作**是必不可少的。
- 动物卫生干预措施的成功与否，很大程度上取决于**私营部门服务提供者**融入和参与该计划的程度。最坏的情况是，资助者的干预措施通过免费或高补贴药物和服务，不要歧视当地动物卫生服务提供者并与之形成竞争。
- 应该考虑该方案如何通过提供**退出策略**来结束其操作。受益人和当地利益相关者需要知道将提供多长时间的支持。需要考虑服务的可持续性。
- 定期**监视**不断变化的动物卫生状况，对于使各项方案有效应对不断变化的情况至关重要。

干预的规模取决于灾害的程度、受影响的人和家畜的数量、可获得的服务（私营和公共服务）及其应对情况的能力、流行病以及执行机构财政、技术、后勤和业务能力。此外，在冲突、水灾或干旱情况下，引发人和动物大规模迁移的情况并不少见。这可能导致人员和家畜集中在临时或指定的救援营地。

（1）国家兽医政策

所有机构都必须充分理解和遵守国家兽医政策，例如：

- 不同的兽医和兽医辅助专业人员可以提供各类型的服务，服务费用以及属于私营或公共部门商品的疫病控制；
- 国家标准，例如兽医辅助专业人员的统一培训课程；

- 公共和私营兽医服务提供者在为特定疫病提供疫苗方面区分责任。

（2）可持续服务的提供

兽医干预措施必须具有能力通过确定私营和公共服务角色以及私人与公共伙伴关系的选择，来支持现有服务的延续，或允许发展长期服务。从社区到机构和政府，在所有级别上都必须认识到，最初的服务旨在应对眼前的危机，并应发展成为可持续的服务。

必须确定私营部门要涵盖的疫病，以及公共部门在监督和支持主要服务提供者中的作用。哪个部门将提供哪些疫苗接种，谁来领导疫苗接种工作？应确定报告和疫病监测要求的兽医和兽医辅助专业人员，以及在疫苗接种工作和疫病监测活动中分包兽医和兽医辅助专业人员的方法。

（3）利益相关者

所有基于动物卫生的应急干预措施，在某种程度上都取决于当地支持服务的提供情况，不仅是兽医，而且还包括兽医辅助专业人员、家畜交易商和饲料供应商等。因此，必须确定干预措施对支持服务的要求，并充分评估此类服务的实际提供情况和质量。同样重要的是，任何干预措施都应支持并增强本地服务提供者的能力，无论来自政府还是私营部门，而不是与其竞争。与动物健康干预措施相关的具体支持服务包括：

- 合格的兽医和肉类检验员（公共或私营）；
- 批准的兽医辅助专业人员（包括社区动物卫生工作者）；
- 兽药店；
- 诊断实验室；
- 畜牧推广员；
- 经验丰富的屠宰场、屠夫、生皮和毛皮加工者；
- 家畜交易商和经纪人；
- 饲料供应商；
- 相关的当地非政府组织或社区组织。

需要认识到各种利益相关者的能力，并在适当情况下利用他们的实力来支持该方案。例如，专门从事动物卫生的非政府组织可以为政府和多部门发展机构提供建议和协助，并可以在任何协调机制中发挥关键作用。这些机构还可以在评估阶段发挥主导作用，因为他们可能拥有熟悉当地服务提供者、疫病状况以及药品和疫苗采购的技术经验丰富的员工。政府兽医人员还将具有处理当地突发事件的经验，并具有宝贵的本地知识。

5.3.3 社区动物卫生工作者提供的服务

如前所述，在许多国家，在大多数公共和私营兽医服务不存在或畜主无法获得的地区，社区动物卫生工作者具有重要意义。应急期间，他们的服务对于救援计划至关重要。请注意，本手册中有关社区动物卫生工作者作用和职责的建议仅适用于相关机构认可社区动物卫生工作者地位的国家。

（1）服务质量

为了确定和确保社区动物卫生工作者提供的服务质量，需要考虑以下几点：

- 能力：
  - 应通过必要的短期培训课程来发展现有和新的社区动物卫生工作者提供适当服务的能力，确保培训适合目标社区的动物种类。
  - 在某些情况下，可能需要培训更多的妇女担任社区动物卫生工作者，尽管需要考虑安全和保护问题，但使妇女为主的畜主更容易获得服务。这对于通常由妇女管理的畜禽（家禽、绵羊、山羊和驴）特别重要。
  - 社区动物卫生工作者可能需要接受与特定灾害相关的伤口护理和伤害方面，以及任何优先疫病、治疗方案和疫苗接种规程的培训。
- 获得药物和设施：
  - 社区外执行机构必须支持提供药品和疫苗，或支持当地的私营兽药店获取物资，使得社区动物卫生工作者能够获得高质量的药物。
  - 在没有兽医设施的地方，需要能够在应急期间维持正常运转的冷链，通常共用当地人用药品的冷链设施。
- 监督：
  - 必须通过国家兽医部门或当地私营兽医提供合格的兽医监督来支持社区动物卫生工作者。在没有这项规定的情况下，或者如果当地兽医服务范围很广，执行机构需让他们的兽医和动物卫生人员担任这一角色。
- 疫病监测：
  - 应评估疫病监测和社区动物卫生工作者报告系统，并在必要时制定一套支持措施。
  - 需要对社区动物卫生工作者进行使用报告表格的培训。如果社区动物卫生工作者不识字，则可以使用图片形式。
  - 应建立提交报告以及分析和整理数据的系统。
  - 疫病信息必须共享给家畜饲养者、服务提供者、地方和国家政府部门、执行机构和任何突发事件协调机构。

（2）社区动物卫生工作者培训

具体考虑因素应包括：

- 培训需要经验丰富的兽医培训师，他们应具有参与式培训技能，并且要了解以社区为基础的动物卫生系统和当地生计系统。
- 社区动物卫生工作者需要定期进修培训，这可能是帮助他们应对特定危机的机会。
- 如果当地的私营或政府兽医正在提供培训，各机构应与他们合作以避免重复。
- 社区动物卫生工作者与私营和公共兽医之间的关系是服务供应系统中的重要环节，可以通过培训课程来加强。
- 执行机构可以协助设计课程，以确保覆盖包括治疗和疫苗接种方案在内的重点和高风险疫病，支持使用适当的成人学习技术，并帮助组织在困难条件下的培训。
- 培训应针对本地主要家畜品种的重点和潜在高风险疫病、治疗和疫苗接种、优质兽医用品和价格，报告格式以及疫病监测。
- 社区动物卫生工作者培训通常侧重于牛、绵羊和山羊，因为它们被认为是主要的家畜。家禽（鸡、鸭等）、猪、马、骆驼、水牛以及某些小型家畜（例如兔和蜜蜂）可能是重要的生计财产，培训也必须针对这些畜种进行定制课程。社区动物卫生工作者培训师必须具备相应畜种重要疫病、治疗和设备以及疫苗接种规程方面的经验。
- 应急期间，社区动物卫生工作者培训最初可能只针对眼前的主要疫病进行培训，以减少培训时间，并在事后阶段提供更全面的培训。

（3）建立新的以社区为基础的动物卫生服务

在建立新的以社区为基础的动物卫生服务时，上述要点同样重要；重点应该放在提供协调一致的响应上。特别要注意的是：

- 绘制相关区域地图，以了解社区分布和家畜品种的大致数量；并绘制地形图和基础设施，以评估所需的社区动物卫生工作者数量。
- 与社区紧密合作：
  - 确定社区动物卫生工作者服务的需求，并确保承诺支持社区动物卫生工作者。在地方当局的支持下与社区达成协议，详细说明服务提供的重点可能会很有用，尤其是当紧急灾害发生后，某些方面（例如服务费用）可能发生变化时。
  - 根据本地流行病学资料，识别当地的畜禽种类、管理系统和重点疫病。
  - 选择合格的社区动物卫生工作者培训师（包括女性）。
  - 选择社区动物卫生工作者学员。
- 组织社区动物卫生工作者培训，重点关注社区优先疫病、药物、疫苗和设备的使用，以及疫病治疗报告和疫病监测。最好通过几个短期培训课程来完成，以使社区动物卫生工作者迅速活跃起来。

- 建立药物供应途径，最好通过私营兽药店。
- 与当地兽医部门和任何私营兽医建立联系，确定有关社区动物卫生工作者监督、支持和报告要求的角色和职责。
- 与政府兽医部门一起建立疫病报告系统，以便社区动物卫生工作者进行监测使用。

（4）选择和接受

建立新的社区动物卫生工作者服务时，至关重要的是，使用这些服务并为之付费的人确定谁该成为他们的服务提供者。还有重要的是要意识到社区中任何少数群体或被剥夺权利的群体，都有可能被排除在决策过程之外。选择社区动物卫生工作者可能具有挑战性，尤其是在时间紧迫的应急情况下。在这种情况下，执行机构与当地领导人、当地行政部门和当地兽医部门协商后，可能不得不根据更加有限的社区参与做出选择。尽管这并不理想，但它确实使服务能够尽快可用。

5.3.4 国家疫病监测系统

有效的协调机制可以加快现有疫病监测系统的信息流动，并可以迅速提高对潜在疫病威胁的警报，评估可能受影响的地区。另一方面，国家监测系统本身可能会因灾害而中断，或者它们可能缺少到达偏远地区所需的资源。

应急期间，公共部门和执行机构应采用相同的监测标准，并让兽医、社区动物卫生工作者和其他兽医辅助专业人员等私营主要服务提供者参与进来。后者与他们的社区保持密切联系，这使他们能够及时提供有关当地疫病状况的信息。还应考虑社区动物卫生工作者对报告疫病的报酬。

5.3.5 疫苗接种和治疗活动

将大量动物聚集在一起提高了疫病传播率，因此应该建立降低这种风险的系统。

大规模药物治疗和疫苗接种活动也必须考虑到福利方面。尤其需要小心对待马属动物，因为它们不应该紧密地挤在一起，以免受伤。马也容易出现注射部位脓肿，特别是如果疫苗接种者不善于处理这种动物。应权衡给马属动物接种疫苗的好处，以及对动物造成的压力和大量聚集时受伤的可能性。

（1）预防接种

设计和实施大规模疫苗接种相当容易，并受到资助者、政府和执行机构的欢迎，尽管目前有关疫苗接种活动对生计影响的证据有限，但他们认为疫苗接种活动是"以行动为导向"的。作为设计良好的疫病预防计划的一部分，疫苗接种可以成为保护家畜的一种经济有效的方法（更多信息请参见影响评估部分）。如前所述，不应假定灾害会自动导致家畜的任何特定疫病或疫病风险的增加。实际上，在充分了解这些风险之前，需要评估灾害对家畜的影响。

疫苗接种时间不正确、不遵循疫苗接种方案、使用不当的疫苗以及疫苗接种覆盖率低都将导致无法达到目标。鼓励实施人员（政府或机构）积极主动，并重点确保在适当的季节进行疫苗接种，以建立足够的免疫力。如果动物处于紧张或虚弱状态时，疫苗接种本身可能不是一种有效的应对措施。

疫苗的选择将取决于地理区域，要接种的动物种类和疫病的流行情况。例如，需要知道疫病的血清型（毒株）以确保使用适当类型的疫苗。仅非洲马瘟就有 9 种血清型，并且针对不同毒株的疫苗也有好几种。因此，应让专家选择疫苗。

有效疫苗接种，要考虑的关键点包括以下内容（根据《埃塞俄比亚牧民地区家畜救济干预国家准则》，埃塞俄比亚联邦民主共和国，农业和农村发展部，2008）：

- **疫苗成分**：疫苗的效力将取决于本地野外分离株的鉴定及其在疫苗中的含量（例如非洲马瘟，各种形式的牛和羊巴氏杆菌病）。必须与供应者核对疫苗的成分，以确保疫苗适用于疫病和免疫操作地区。
- **疫苗效力**：评估特定疫苗效力时，应参考 OIE 和 FAO 的指南以及同行评审的文献，仅仅依靠疫苗生产商自己的实验室数据是不够的。
- **疫苗接种方案**：免疫水平和持续时间将根据疫苗、每只动物接种的剂量以及接种时间的不同而有所不同。例如，炭疽疫苗［以斯特恩氏（Sterne）孢子疫苗为基础］是一种活疫苗，单剂量可提供长达 12 个月的免疫力，而无活性的羊巴氏杆菌病疫苗（如果正确制备）则需要间隔四周注射两剂疫苗，没有证据表明单剂疫苗可以提供免疫力。
- **疫苗接种时间**：对于大多数疫病，疫苗接种必须在畜群的死亡率和发病率达到峰值之前进行，否则不太可能降低疫病的影响。在许多地区，可以根据季节和环境条件在一定程度上预测疫病暴发。因此，重要的是要确保为动物接种正确的疫苗和方案，并在高风险时期之前对畜群中的大部分动物接种疫苗，以减少疫病暴发的影响。
- **疫病控制政策**：OIE 必须报告疫病应纳入国家疫病控制计划，其他疫病例如梭菌病，可被视为私人服务产品，这些疫苗应由私营部门提供。

OIE 会定期更新必须报告疫病名录[①]。有关 OIE 所列疫病不同国家和地区发生情况的官方信息，可从 OIE 网站获得。控制这些动物流行病通常是公共部门（主要为政府兽医部门）的责任，在日常工作中，通常被转包给私营服务提供者提供一线服务。因此，通常会把控制流行病作为政府部门紧急干预的重要优先事项，而政府部门往往会用大量的资金和设备。

在选择疫苗接种所针对的疫病时，还应考虑其他未列入 OIE 名录但可能与当地家畜有关的疫病。

重要的是要了解疫病控制和预防计划与动物卫生紧急干预措施之间的区别。控制和预防工作通常基于充分了解疫病流行病学，针对特定的地方病和传染病进行大规模的疫苗接种。这种计划的成功需要对一定数量（百分比）的易感动物种群进行疫苗接种。但是，大多数动物卫生紧急干预措施并未尝试更广泛地控制或预防特定疫病，其目的是通过提供临床动物卫生服务来确保受影响动物的生存。在这种情况下，为较少数量的动物接种疫苗可能是合理的，因为这些动物受到保护，而且使它们的生计得到维持。

（2）大规模用药

这些类型的活动通常集中在治疗体内（蠕虫）和体外寄生虫（例如蜱、螨）。家畜携带各种体内外寄生虫是正常的。寄生虫对健康和生产力的影响范围从无影响到严重的临床症状不等。寄生虫的发育周期是季节性的，寄生虫的感染及其潜在影响也因此而异。某些年龄段和物种对寄生虫更敏感，例如，幼年动物比成年动物更容易引起胃肠道寄生虫问题，因为动物会随着寄生虫成熟时产生免疫力。一些紧急情况，例如极度寒冷或缺乏饲料，可能会影响动物的免疫状况，使其更容易受到寄生虫的侵扰。但是，在紧急情况下，不太可能有任何关于寄生虫感染或其对生产率或死亡率影响的信息。在这种情况下，家畜饲养者对寄生虫侵扰的影响及其季节性的了解将有助于确定所需的兽医支持的优先级。

必须遵守剂量方案，因为剂量不足会导致寄生虫耐药，还必须了解有关当地寄生虫对特定药物耐药性的信息。

5.3.6 医药和设备采购

私营部门和政府兽医部门都有自己的采购系统，但是在危急和需求量大的时期，这些系统可能会超负荷运作，而这时，正当快速有效的采购至关重要。因此，评估哪个机构最适合做这项工作十分重要。可能有一些国际机构或非政府组织拥有完善的兽医采购系统，可以同时负责疫苗和药品的供应。有效采购的关键是配送系统和充足的存储设施，某些疫苗和药品将无法在国内获得，特别是在发生紧急情况或大雨等季节性气候事件中，需要及早发现潜在的疫病威胁，以确保及时提供药品。一个很好的例证就是裂谷热暴发，经常发生在季节性大雨和温暖气候下。

（1）提供质量保证的生物制品和药品

在某些国家和地区很容易获得假冒、劣质或制造质量差的药品和生物制品，这些产品从未经质量保证的一般产品，经过掺假或稀释，到仅在颜色或标签上类似于真品的完全伪造的产品。

国际制药公司及其子公司经常通过当地代理商销售产品。这些产品的代码和批号，可以与该公司进行核对，而标签则带有将其与伪造区别开的特定细节。信誉良好的公司会提供每种产品的制造规范及品质保证资料。

在许多国家和地区，当地公司还生产大量常用动物和人类健康药物，这些通常是高质量的，但应注意，只能从来源或经授权的代理商处购买。购买者应坚持查看质量控制数据，尤其是在紧急情况下，即兽医很少有时间或设施对本地获得的药品进行独立的质量保证时，购买者应坚持查看，例如用于预防锥虫病的一些兽药就非常专业，仅可从很少的合法来源获得。

（2）合格供应品

服务提供者将需要提供基本药品和设备，以使他们能够开展工作。在某些情况下，可能需要建立兽药供应链，短期内，采购通常是外部干预的一部分。长期目标应该是支持建立一个有效的供应链，以提供信誉良好、价格可承受的优质兽药。如果当地的兽药店在营业，则应给予支持，以确保有足够的必需品供应。

为了帮助该方案的快速启动，可以考虑通过当地兽药店以信贷或补贴价格向社区动物卫生工作者提供初始药品和设备（由机构负责补贴）。应该以全额费用提供其他用品。附录 2A 和 2B 为社区动物卫生工作者提供了适用于不同种动物的药品和设备的建议。

（3）疫苗的采购和管理

在许多国家都有针对炭疽、气肿型炭疽、新城疫和肠毒血症等流行疫病的疫苗，而且质量很高。如果有良好的质量保证和当地兽医专家的支持，可以在当地购买。其他疫苗需要在专门的实验室生产，这些实验室仅在相对较少的国家和地区存在。例如小反刍兽疫、裂谷热、绵羊和山羊痘，结节性皮肤病，牛和山羊传染性胸膜肺炎以及出血性败血病的疫苗。OIE《**陆生动物诊断试验和疫苗手册**》中提供了所有主要疫病推荐使用的疫苗及其供应商的详细信息。

一些政府允许私营兽医服务提供者购买和使用疫苗来控制特定疫病，而其他政府则控制从采购到交付的完整疫苗供应链。在需求量大的情况下，政府可以通过采购获得外部支持。如果某些疫苗可以通过私营部门获得，则应评估其正确、足够数量地供应、储存和运输可靠疫苗的能力。如果政府没有或不能进行采购，则应指定主要执行机构来担任这一角色。

（4）疫苗冷链

该系统用于确保疫苗从生产到注射都保持在正确的温度下（大多数疫苗需要保持在 2～8℃）。这可以通过冰箱、冷藏箱和疫苗运送系统实现，但也需要用户正确处理。像所有药物一样，疫苗也有有效期，并且高温和暴露在阳光下也会影响其效价，使其失效。每种疫苗都有具体的使用标准和指南，应严格遵守。

5.3.7 成本效益

在设计干预措施时，考虑相关的成本，并询问是否可以在其他地方更有效地使用这些资金，有助于确保资金的最佳使用。经济评估应考虑干预成本与对目标家庭预期经济效益的影响，现阶段可以比较以下方案，以评估如何最好地利用现有资金：

- 支持发展本地的私营基层医疗服务；
- 向受影响家庭提供免费或补贴服务；
- 支持免费的大规模疫苗接种和治疗活动；
- 支持国家兽医服务。

从经济角度看，干预措施应侧重于支持或建立基本的临床服务，以使更多的家庭受益，但前提是，在必要时通过代金券或补贴服务为弱势家庭提供支持。支持安乐死、尸体处理和维持公共卫生等公共部门服务，也使更多的人受益。在紧急情况下，可以扩大政府的支持，包括疫病监测和及时的疫苗接种。

提供免费或有补贴的动物卫生服务可能会使少数家庭受益，而且成本可能很高（药品购买、运输、兽医服务等）。

5.3.8 将动物卫生与其他应急干预措施结合

尽管动物卫生服务有助于家畜恢复健康和改善应急后的生存，但干预措施的成功还取决于家畜能否获得基本需求，如饲料、水以及在某些气候下的安置场所。各机构必须认识到这些需求，并通过以下方式确定满足需求：

- 鼓励试验不同种类的当地饲料（例如豆荚、农业和工业副产品等）；
- 将家畜所有者与私营饲料供应商联系起来；
- 支持社区恢复供水点（干旱期间）；
- 在必要时，组织紧急饲料供应和用水罐车运水。

营销或商业清群可以成功地为动物卫生服务提供支持，尤其短期发生紧急情况时，因为有市场，人们有时间根据牧草和水源减少而缩减畜群规模。销售所得的收入可以帮助支付其余动物的兽医服务费用，动物卫生服务也需要支持家畜饲养活动。提供给动物饲养场的家畜必须获得健康证明，并受到适当的保护（接种疫苗等），而且受益人还必须获得可接受的和负担得起的动物卫生服务。

5.3.9 环境问题

人们可能会担心由于动物卫生状况改善而导致家畜数量潜在增加，过度放牧和争夺有限的水等对自然资源产生影响，这是一个合理的担忧，尤其是在拥有固定牧场的社区。但是在正常情况下，很少有证据表明，在牧区和农牧区的人们和他们的家畜可以自由迁徙到季节性放牧区。然而应急情况或冲突可能会限制或阻止这种移动，例如当人们及其动物留在救援营地时。在这种情况下，需要仔细评估任何动物卫生干预措施的影响，如果与动物卫生干预措施同时使用，各种清群办法（第 4 章）可以提供一种平衡家畜数量的方法。

5.3.10 风险评估

所有家畜应急干预措施都有内在的风险和后果，因此，必须尽可能地预见和评估这些风险和后果，这一点很重要。动物卫生计划潜在风险在表 7 中列出。

表 7　兽医支持的风险和解决措施

风　　险	解决措施
扰乱当地私营服务商的服务	通过分包协议**确保**私营机构服务提供商成为受益人。尽可能避免免费或补贴服务
大畜牧业主比弱势家庭获益更多	**确保**在受益人选择过程中更加关注选择标准和目标，例如代金券的使用
提供类似动物卫生服务但适用不同条件的机构之间的竞争	**确保**执行机构之间的适当合作
在没有足够流行病学证据的情况下开展治疗或疫苗接种活动	**确保**收集可靠的流行病学信息，利用当地知识和其他公认的手段为决策提供信息
通过维持不可持续的大型畜群导致环境退化（过度放牧）的风险	**确保**在选择干预措施时给予更多关注，特别是在定居农业社区，例如清群
采购大量不必要的药物或疫苗，有时质量有问题	**检查**实际要求并从信誉良好的供应商处购买
私营机构机会主义和敲诈勒索的可能性	**确保**充分地监督和监测
不灵活的设计和资金无法应对不断变化的情况	根据当地优先需求，**确保**项目设计务实且灵活
评价和影响评估因项目设计不佳、缺乏评估标准和基线数据而受影响	**确保**评估值和影响评估是项目设计的一个组成部分

5.4　实施方式

一旦确定了干预措施的类型和规模，就应确定并商定国家兽医当局、私营服务提供者、主要协调机构和其他实施机构的角色和职责。本节将更详细地介绍前面提到的一些技术性问题。

5.4.1 协调与参与

（1）建立动物卫生小组或委员会

首要任务之一是建立动物卫生小组或委员会。最好由多学科或多机构的动物卫生委员会来监督特定的兽医计划。除兽医（公共和私营）外，委员会成员还应包括其他直接参与的成员，例如：当地行政人员、畜牧专家、当地家畜交易商和农牧民代表，以及执行机构的技术人员。该委员会应定期开会，以便迅速开始行动，并在出现问题时迅速有效的响应。所有会议的记录均应保留下来，以便后续审查和评估。如果可能，应由政府兽医部门主持该委员会。

重要的是，团队成员须用足够的时间互相了解、讨论首选方案、就工作安排达成一致和解决后勤问题。这将使他们能够向目标社区传达明确一致的信息。在初步规划会议期间可以讨论的主题包括：

- 家畜在受影响社区中的作用；
- 查看问题的严重程度，包括受影响动物、家庭和社区的数量和种类；
- 项目规模，即利用现有资金可以实现的目标；
- 关键的动物卫生问题是什么以及如何解决；
- 项目受益人的概况；
- 畜牧管理中的性别角色；
- 正式和非正式的动物卫生安排；
- 了解不同动物卫生保健选择的利弊；
- 当地主要利益相关者之间的关系；
- 需要解决的后勤和业务问题；
- 如何处理监视和评估注意事项；
- 团队的运作方式，明确界定个人和团队的职责。

（2）成立地方委员会

此外，应在开展服务的每个地点（连续的区域，可以是村庄、议会区域甚至地区）建立地方委员会。这是为了让社区负责人、受益者代表、地方议员和地方服务提供者定期与计划实施者会面，以提供反馈、提出关切和解决争端。

5.4.2 选择受益人

支持动物卫生服务的目的是确保所有受突发事件影响的畜禽饲养者都能获得优质、负担得起的相关服务。为服务支付费用被认为是任何可持续的初级临床兽医服务的基本要素。可以预见，如果有这些服务，目标群体中大多数人将有能力支付服务费用。但是，有些群体不会，因此需要对其进行识别。选择标准必须清晰、明确，并且可供所有人查看。它们可能包括：

- 以妇女和儿童为主的家庭；
- 受 HIV/艾滋病影响的家庭；
- 没有家庭支持的老年人；
- 没有创收活动的残疾人；
- 低于公认贫困线的家庭。

各自的社区、地方负责人以及具有与这些社区合作经验的政府和非政府组织工作人员，将是识别这些群体的宝贵信息来源，任何最新的脆弱性评估都是很有价值的。

在决定支持哪些群体时，重要的是要意识到，如果某些社区认为他们被忽视了，就有可能发生局部冲突。受益社区可能成为抢劫家畜、破坏当地服务设施以及掠夺兽药和设备的目标。了解社区的社会动态可以帮助设计促进不同社区间良好关系的计划。

5.4.3　涉及私营兽医部门

在涉及任何提供兽医服务的制度时，尤其是在其可行和可持续的情况下，应注意避免破坏现有服务制度。无论是兽医、兽医技术人员、动物卫生工作者还是兽药和设备的供应商，都可以为私营经营者提供支持，并在必要时提供额外帮助，以应对危机。私营服务提供者以及地方政府的动物卫生人员与受影响社区建立良好的关系，对社区需求以及满足这些需求所面临的挑战有深入了解。可能需要额外支持的活动和领域包括：

- 明确服务提供方面的差距，即使私营提供者一直在运营，他们本身也可能是灾害（例如洪水或地震）的受害者；
- 确定优先的动物卫生需求，包括与灾害有关的季节性疫病和高风险疫病；
- 建立代金券系统或补贴服务，以帮助较弱势群体获得动物卫生服务；
- 维持疫苗冷链；
- 帮助将私营供应商运送到偏远社区；
- 帮助私营服务供应商采购和运输药品、疫苗和设备。

5.4.4　负担能力和成本回收

（1）负担能力

无论是支持现有的私营服务系统还是建立新的私营服务系统，服务收费都是确保系统长期可持续性的主要要素。政府和其他机构在紧急情况下提供的免费药品严重破坏了支持私营企业的努力。

私营服务供应商可能会使用不同的收费系统，但在每种情况下，供应商都需要盈利。在最常见的定价系统中，供应商在他们购买的药物上加价，家畜饲养者以更高的价格支付治疗费用。一些服务，例如小型外科手术——去势、除角和伤口处理，根据特定程序，按每只动物或群体动物收费。一些供应商可能需要帮助来确定公平和可接受的价格和利润水平，并与社区讨论其付款和定价。

（2）动物卫生服务代金券系统

代金券系统[①]为弱势家庭提供获得动物卫生服务的机会。使用此类系统的理由是：

- 为现有的动物卫生服务供应商提供额外的支持和定制；
- 避免损害现有的兽药贸易商的利益；
- 确保代金券比现金更安全；
- 确保凭代金券购买的药品适合当地的需求和疫病需要；
- 降低购买劣质药品的风险；
- 通过购买药品支持私营机构。

现金转账方案提供了一些有用的经验教训，实施者应予以考虑，例如：

- 必须制定使社区了解代金券制度的方案。使社区明白，这些制度是应对特定灾害的短期措施。
- 选择受益人很困难；这需要时间解决，最好与社区公开协商。
- 需要与所有利益相关者就目标、方式、职责、药物以及兽医、兽医辅助专业人员和家畜所有者的任何培训需求进行充分讨论和达成共识（例如，使用代金券或药品的培训）。对于家畜所有者来说，这将用于驱虫药等不受管制的药物。
- 兽药师必须保留代金券兑换记录，以及向兽医和兽医辅助专业人员以及直接给家畜所有者出售和提供药品的良好记录，以便全额报销。
- 监测接受治疗的动物数量可能是具有挑战性的，尤其是对于在寄生虫控制方面，因为有时治疗是由养殖者自己做的。
- 对于私营兽药师，私营兽医和兽医辅助专业人员（例如，社区动物卫生工作者）而言，代金券制度也可以是一项好业务，他们可以从中获利、促进业务并加强他们作为社区服务提供者的作用。
- 代金券制度在兽医和兽医辅助专业人员与兽药店之间建立联系，以便今后提供药品和支持。
- 对于私营兽医来说，这可能是成为社区动物卫生工作者培训者或者培训家畜饲养者的机会，他们应获得酬劳。
- 系统应支持兽医或经授权的兽医辅助专业人员使用受管制药物（例如

---

① 有关代金券详细内容见第 3 章（现金转账）。

抗生素），而不是允许家畜所有者对其进行管理。可以通过补贴这些治疗方法来实现，同时提供驱虫药等不受管制的药物提供代金券。

5.4.5 安乐死/紧急扑杀处置

在紧急情况下，可能会有动物出于福利原因需要安乐死，例如严重受伤或身体虚弱的家畜。使用安乐死方法需要与当地利益相关者（社区、兽医工作者、兽医部门和地方当局）进行讨论，因为当地通常对这个问题有着不同的看法和敏感性。安乐死方法必须是人道的，基于健全的动物福利原则，并在兽医的监督下进行。还应参考有关安乐死的国家指南。如果使用了获得安乐死许可的药物，必须小心处理动物尸体，以避免食腐动物摄入药物或污染环境。

尸体处理

无论发生什么紧急情况，都可能需要处理动物尸体，并且需要建立适当的系统。

在理想条件下，需要处理的尸体被运送到一个保护良好且远离人类和食腐动物的指定地点。一般来说，应尽快妥善处置尸体，以减少对人类和动物的健康风险。如果天气条件允许且对人体健康的威胁很小，可以将尸体在阳光下晒干几天，然后再进行焚烧或掩埋。处理尸体主要方法有五种：掩埋、焚烧、堆肥、高温化制和碱水解。由于后两者所要求的设备通常不存在于目标地区和环境中，因此将不对其进行详细介绍。虽然建议在需要组织尸体处理的情况下，应评估常见的处置方法。如果适当的设施设备（例如化制厂），则应使用或重新启用这些设备。

应急期间，处理尸体的主要挑战是地点的选择，需要考虑的因素包括：

- 该地区的地质特征：土壤性质（质地、渗透性、地面破裂、地下水位深度、基岩深度）；坡度或地形；水文特性；靠近水体、水井、公共场所、道路、住宅、市政或产业线；
- 处置材料的性质和数量；
- 是否获得官方许可；
- 在屠宰场附近有无可供埋葬或焚烧的场所；
- 是否有动物尸体运输工具；
- 如果要使用卡车进行运输，是否无障碍；
- 天气情况（例如风、雨、结冰的地面）；
- 是否有工人和土方工程设备；
- 该地区的未来用途。

附录 2D 中涵盖了上述处置方法的所有详细信息。

5.5 监控、评价和影响评估说明

5.5.1 应急期间兽医支持干预措施的监控和评价

可以对动物卫生干预措施的不同方面进行监控和评估，但是在紧急情况下，监控和评估可能具有挑战性，执行者必须对可以实现的目标持现实态度，可以监控和评估的方面包括：

- 在一个月内，因某种特定疫病而接受治疗的动物数量（按种类分类），相对于处于危险中的动物总数情况；
- 兽药店按产品类型和主要客户（兽医、兽医辅助专业人员、畜主）出售药品的数量；
- 相对危险群体，按物种和疫病划分需接种疫苗的动物数量；
- 使用疫苗的数量（来自政府、非政府组织和兽药店的记录）；
- 每月兽医服务的地域和畜群覆盖范围。

这类信息可以提供疫病发生水平、优先疫病、新疫病和需要通过政府或机构的支持采取其他控制措施的疫病暴发情况。还可以评估服务覆盖范围的动物种类和地理范围，以帮助确定在提供服务方面可能存在的偏差。可以将服务供应商的报告与所售药物和疫苗的数量进行核查，如有重大差异，可能表明记录和报告问题、剂量不正确或销售不当（例如在黑市上）。还应监控报告系统以及报告的质量和频率，以评估信息的准确性和质量。来自私营兽医、兽医辅助专业人员和政府报告疫病监测信息可以用来查看疫病暴发是否得到控制。

（1）谁使用这些信息？

这些信息主要提供国家兽医部门和执行机构使用，尤其是动物卫生应急委员会，他们应尝试共同分析信息，然后向兽医、兽医辅助专业人员和社区提供反馈。如果存在协调机制，则应在定期协调会议上共享监控信息。这些信息将使执行机构能够确定兽医辅助专业人员的培训需求，与社区和服务提供者进一步讨论的问题，兽药供应链中的缺口，可能需要特殊支持的群体（例如女性户主家庭、老年人、残疾人），需要扩大覆盖范围的区域，以及可能需要采取控制策略的新疫病。

（2）监控与评价应如何进行？

任何参与该方案的服务提供者，无论是兽医还是兽医辅助专业人员，都应向国家兽医部门提供有关其工作的月度报告，报告结果可由兽医部门汇总。然后，这些信息可以通过国家兽医部门或协调机制输入到整个区域范围的报告系统中，以建立特定疫病和特定疫病威胁的覆盖范围。

特别是对于社区动物卫生工作者，培训应包括报告形式，无论是图片还是文字形式，他们都应意识到这项工作的重要性。对于每种主要疫病或状况，社

区动物卫生工作者都应按动物种类使用简单的记录表，并应练习填写这些记录表。应该利用参与性评估工具向社区咨询，以了解服务对象对所提供服务的看法。这可能是一个复杂的过程，因此在灾害后阶段，人们可能会过于关注其他优先事项，应仔细评估时间安排，但是一旦情况有所改善，就必须征求社区的意见并系统记录下来。

兽医部门关于疫苗接种、疫病暴发和疫病调查的月度报告是监测和评估的另一种方式，增加了服务提供商提供的信息。报告还必须包括来自屠宰场屠宰前检疫的信息。此外，还应该报告肉类检验，因为这对于监测结核病、体内寄生虫和全身性系统疫病特别重要。当地市场的兽医健康检查可以提供有关该地区疫病情况的更多信息。

（3）谁进行监控和评估？

监控与评估可能是一项联合活动，涉及特定领域的国家、私营部门和执行机构。应在初始设计阶段讨论监测问题，在协调机制下定义和商定角色和职责。某些机构可能在监控方面拥有更丰富的经验，并可能在监控系统的设计中提供培训和支持。兽医服务监控和评估需要具备兽医技术技能，因此各机构应确保其具有必要的专业知识和参与式评价技能，以进行有效监控。

5.5.2 影响评估

最终，任何干预措施的目标都是对生计产生积极影响。因此，评估影响至关重要，以便能够调整正在进行的干预措施，并可以适当设计和确定未来的干预措施。何时评估影响取决于紧急情况的性质，但最有可能是在恢复阶段，此时家庭有更多时间并且局势已经稳定。例外情况是长期冲突，这种冲突可能会持续多年，如果安全和出入条件允许，就有必要在应急阶段进行影响评估。目标社区是通过参与式方法由社区主导的讨论，是参与评估的关键群体。还可以使用服务的可用性、可获得性、质量、可负担性和服务接受度作为服务提供指标来评估服务提供和服务提供者的影响。

影响评估应包括效益成本分析，比较不同类型干预措施的成本及其对家畜的影响，例如通过查看经治疗或大规模用药救治的动物的价值，还需要提供关于降低死亡率的信息，以证明干预措施对家畜的影响。因为已接受治疗或接种疫苗的动物数量数据是过程指标，不能提供影响的证据（有关监控、评价和影响评估的更多详细信息，请参见第 10 章）。

以下是一个效益成本分析的例子，2008 年南苏丹因口蹄疫而实施长期口蹄疫（FMD）的疫苗干预，当时该国由于长期冲突已获得多年人道主义援助。除了说明实际的利益成本外，该研究还表明了如何利用参与性流行病学获取必要的信息，以便计算利益成本比并进行生计影响评估（插文 9）。

> ◆ **插文 9 南苏丹的口蹄疫疫苗接种：效益成本分析和生计影响**
>
> 本研究采用参与式流行病学（PE）方法估计不同年龄段牛急性和慢性口蹄疫的患病率和死亡率，以及受口蹄疫影响奶牛产奶量的减少情况。接种口蹄疫疫苗的成本效益比为 11.5。慢性口蹄疫造成的损失占口蹄疫总损失的 28.2%，这表明今后在非洲牧区和农牧区控制口蹄疫的未来收益——成本分析需要考虑由慢性疫病造成的损失。参与式流行病学方法还用于评估牛奶在努尔农牧民饮食中的重要性，以及与牛群活动和口蹄疫暴发有关的饮食季节性变化。饮食中明显的季节性变化包括"饥饿间隔"时期，在此期间，家庭高度依赖牛奶作为其主要食物来源，如果此间暴发口蹄疫，长期损失会持续并影响人类的食品安全。本文讨论了苏丹南部口蹄疫大规模免疫和免疫策略的必要性和可行性。本文还讨论了将传统的收益成本分析与生计分析相结合的价值，以便为人道主义领域的疾病控制工作和资金投入提供信息。
>
> 资料来源：Barasa 等，《跨境和突发疫病》，2008。

参与性方法有助于确定哪些群体没有使用服务以及不使用的原因，以及现有服务的整体质量。并不是所有种类的家畜都可以得到这种服务，或者人们可能不知道某些种类的家畜可以得到这种服务，例如，人们常常为家禽可以得到治疗和接种疫苗感到惊讶，马、驴和骡也是如此。一些兽医和兽医辅助专业人员可能对治疗大型动物（例如牛和骆驼）更感兴趣，因为可能得到更好的回报，或者他们可能没有经过可以治疗其他动物的训练。如果所有服务提供者都是男性，并且某些文化习俗使妇女很难接近他们，那么一些妇女可能无法获得服务。监控系统应该能够获知此类问题，从而有可能调整服务或提供增强意识的讨论。

获得的经验教训、记录和交流是成功协调干预并有效应对未来突发事件的关键，它们帮助经验不足的机构评估实施兽医干预措施的需求和内部能力，它们还提供信息，以帮助在其他领域发生类似紧急情况的人们设计适当的干预措施。

5.6 检查清单

5.6.1 基础信息

- 紧急情况已达到什么阶段？
- 受影响地区的主要疫病情况和畜禽状况如何？

- 哪些现有的当地机构和支持服务可提供动物卫生服务？
  - 私营兽医和辅助兽医服务的覆盖范围和能力；
  - 公共/国家兽医服务的覆盖范围、能力和职责；
  - 相关的基础设施（市场、道路、水和电）是否已充分明晰？

5.6.2 设计注意事项

- 是否已阅读《家畜突发事件应急指南和标准》（LEGS）的相关章节？
- 对动物卫生服务的支持是否是最适当的干预措施，是否正在探索替代方法（请参阅 LEGS 参与式反应识别矩阵）？
- 是否充分了解了灾害的规模和范围及其对动物卫生的影响？
- 是否建立了国家、省或地区的灾害响应委员会？
- 是否将动物卫生措施与其他干预措施一起进行？
- 有哪些潜在的合作伙伴（政府、国际或国家非政府组织、社区组织）在该地区开展工作？
- 是否有合作空间？
- 是否有公共和私营动物卫生提供者共同合作的机制？
- 拟议的时间跨度是否现实？
- 如果情况发生变化，设计中是否有足够的灵活性可以在短时间内将资金转移到其他活动？
- 是否有退出策略，留下可持续且可行的动物卫生服务？
- 是否考虑了监控、评价和评估要求？

5.6.3 准备工作

- 是否建立了动物卫生团队？是否具备必要的技能和专业知识？
- 是否讨论并商定了适当的动物卫生方案？
- 是否建立了家畜突发事件响应委员会？
- 干预措施的规模（地理区域、受益人数量、动物治疗的数量和种类）是否充分确定？
- 预期目标和预算是否切合实际？是否有时间表？
- 是否具备所需的技能，尤其是辅助专业人员，是否还需要进行培训？
- 是否存在可以确定和确定优先次序的特定动物卫生热点或服务提供方面的差距？
- 是否可以识别和突出建议活动中的任何薄弱环节？
- 是否有正在进行动物卫生计划？
- 家畜所有人（包括妇女）和地方机构是否有足够的代表？
- 是否进行了需求评估？
- 是否与主要利益相关者讨论并选择了受益人？

- 是否已充分告知受益人（家畜饲养者）和主要利益相关者（地方当局）有关建议的干预措施，其将如何运作以及将如何继续的信息？在情况允许的范围内，他们是否已充分参与了干预措施的制定？
- 将包括哪些品种和类别的家畜？
- 是否讨论了药品和服务的支付问题，弱势家庭将如何获得此类服务，例如有代金券吗？
- 是否拟定了当地合同协议？是否清晰明确？
- 是否有解决争端的机制？
- 如果灾害比预期的短或长，是否有应急计划？
- 是否充分满足了方案的监控要求？
- 是否充分评估了潜在风险？

5.6.4 支持动物卫生服务

- 是否发现服务提供方面的差距？
- 是否有能力（培训）问题需要解决？
- 是否已确定优先的动物卫生需求？
- 当地兽药店是否容易获得药品和疫苗？
- 是否有运转良好的冷链？
- 是否需要外部支持的药品供应链？
- 是否能够保证药品和疫苗的质量？
- 是否有节省成本的机会，例如共享冷链设施？
- 兽医和兽医辅助专业人员是否可以在他们的领地内轻松安全地活动？
- 最弱势的个体能否获得动物卫生服务？
- 是否需要代金券系统？社区可以使用吗？
- 是否设想建立疫病监测系统？
- 是否建立了报告机制？

5.6.5 支持公共部门兽医服务

- 是否发现服务方面的差距？
- 是否有能力（培训）问题需要解决？
- 是否充分了解国家兽医和公共卫生政策和法规？
- 是否根据合理的流行病学证据及时进行大规模治疗或接种疫苗？
- 是否了解公共当局兽医与私营动物卫生服务提供者之间的联系？
- 是否已彻底审查了公共当局对大量药品、疫苗和设备的要求？

5.6.6 尸体的处置

- 是否立即将尸体移离水源或人类居住地并防止被食腐动物侵害？
- 该地区常用处理尸体的方法是什么？是否有任何配套的基础设施？

- 是否有可供选择的合适处置方法的所有必要信息？
- 是否有当局许可又被社区接受的建议处置方法？
- 是否有可用的运输工具并在合理的时间使用？
- 是否考虑到环境和人类居住地附近等因素，提供合适的处置场所？
- 是否有适当的监控以确保所有尸体都被清除，包括在干预期间是否发生新一波的死亡？
- 是否妥善保护清除地点，以及是否监督处置过程？

6 饲料供给

6.1 原理

充足的营养对家畜的生存、福利和生产能力至关重要。在应急期间，需要补饲类型取决于所涉及家畜的种类和应急情况的性质。从本质上说，包括向家畜饲养者提供额外的饲料，以便满足他们饲养家畜当前的营养需求。饲料供给可解决第 2 章所述的五项动物福利自由之一，即通过随时获得保持充分健康和活力的饲料和淡水来摆脱饥饿和干渴[①]。

紧急补饲方案的主要目标包括：

- **确保受影响家畜存活**——这一目标的目的仅仅是使尽可能多的家畜存活到恢复期开始，在最严重紧急情况下，这可能是饲养方案的唯一现实目标。

- **重建繁育能力**——长期营养不足的动物繁殖能力低下，母畜尤其敏感，相对低营养不良水平下，可能会扰乱生殖周期（发情期）。补饲方案旨在保护作为生计财产的家畜，通常优先考虑种母畜。

- **重建工作能力**——营养不良的役畜和驮畜不能继续工作。农牧混杂系统中，家畜为耕种和运输提供牵引动力。在紧急情况后，恢复生产取决于相关役畜是否获得足够的体力来工作。在一些紧急情况下，需要驮畜向没有道路或道路严重毁坏的偏远地区运送紧急物资。特别是妇女使用驴子运输粮食以及其他家庭活动所需物资。

- **重建生产能力（奶、肉、蛋）**——由于饲料资源变得匮乏，受影响动物生理也发生了变化，将有限的营养消耗用于维持生存，这就意味着降低了生产能力，对于出售生产产品作为生计的家庭来说，这是一个重要的问题。

- **支持清群方案**——一旦出现缓慢发生的紧急情况时，立即执行清群方

---

① 《家畜突发事件应急指南和标准》第 6 章。

案。然而，这并不总是可行的，清群可使家畜健康状况受到极大影响，此时，如果它们身体状况太差，不能以肉出售，必须进行短时期的补饲。

- **支持家畜供给方案**——如果选择提供家畜作为紧急情况后的干预措施，使得生产得以持续并恢复，有一种情况就是利用补饲提供短期的支持，至少可以到地方饲料能够满足需求时。

6.2 饲料供给类型

大多数文件在应急时都提到了对反刍动物补饲，因此，本章主要介绍这些动物，包括家禽、猪和马等，但介绍得相对简略。

虽然提供补饲是一种有用的干预措施，但在有把握实施之前，还需评估一些因素。资源总是有限的，不可能指望有足够的饲料提供给所有受影响的动物。惠及广泛很可能适得其反，因为动物很少能够获得足够的饲料，这会对家庭生计带来重大影响，为此，实施补饲的第一步是确定其优缺点。

《家畜突发事件应急指南和标准》决策树（第 2 版—图 6.1）对选择饲料供给是一个有用的工具，可以用于辅助决定有关饲料供给的适当干预措施。

优点

- 对依靠家畜维持生活的牧民来说，可以通过维持动物生存提供长期收益。
- 役用和驮运动物在维持许多家庭生计方面发挥了重要作用。
- 还可以改善动物营养和健康状况，从而提高畜牧和农牧混杂系统的生产效率。
- 同清群相比，补饲可以提高动物存活率，较为经济合算。
- 家畜为了去牧场不得不走很远的路，从而导致更高的能量消耗，在这种情况下，补饲可以防止负能量平衡。
- 补饲可减少环境退化和过度放牧，因为补充额外的饲料，即使是低质量的牧场，也可以满足动物的需要。

缺点

- 定期补饲会促进大的、不可持续的牧群规模和高放养率。
- 补饲会增加对水资源的需求，特别是在干旱时期，水资源会很稀缺。
- 补饲会增加食欲，给牧场带来更大压力，或增加对作物下脚料的需求。
- 外部支持忽略了本土策略。
- 将饲料运输到某个地区可能会扰乱当地市场。
- 存在从其他地区引入虫害或疫病（作物或家畜）媒介的风险。
- 将动物集中在饲料场会增加疫病传播。

6.2.1 就地紧急补给

这指的是一种饲料分配方式，受益人将动物饲养在其现有生产体统中，通过饲料补充计划获得饲料。这是首要选择，因为它对当地传统家畜饲养破坏较小，让家畜所有者负责管理，并提供多种实施选择（代金券、各种准备金等）。

6.2.2 在饲料场进行紧急饲喂

如果不能就地提供饲料，可以在饲料场向受益人的动物提供饲料。这种就需要每天将动物赶至饲料场，使它们获得足够的饲料，或将动物留在饲料场，以便获得更好的照料。选择建设饲料场则需要增加管理，这为应急干预提供了更安全和更好的监控。

6.3 计划与准备

6.3.1 形势评估

正如第 2 章所述，在制订应急计划时，必须充分了解当地应急处突的组织结构。

通常由评估小组启动补饲方案。理想团队将是多学科的，并包括所有直接参与的机构。这些小组可以从各种来源收集信息，补饲的具体信息可包括：

- 地理环境，包括受影响动物最多的地区，以及物理通道和通信设施（公路、桥梁、电信等）；
- 受影响社区概况，包括家畜种类和管理系统（畜牧、农牧、混杂农业）、生计基础和弱势群体；
- 评估动物损失或饥饿情况，以及传统的紧急饲喂策略；
- 评估有多少家庭的饥饿动物适合补给饲料；
- 评估当地可利用的饲料资源；
- 评估当地饲料储存设施；
- 水资源可利用量；
- 当前家畜销售价格，以支持对产量较低家畜的决策；
- 当地对动物卫生等基本支持服务的数量和质量；
- 考虑清群和现金转账支付等多种替代方案；
- 方案实施收回成本（受益人支付饲料费用）能够惠及的范围更大；
- 在该领域存在长期经验的潜在合作伙伴，他们了解社会文化、经济和其他方面的情况，应该得到社会的信任；
- 该地区的其他救济活动，可以替代补饲干预措施，或补助他们以减少每个家庭所需的投入；
- 与其他救济活动分摊费用（例如，通过卡车将饲料装载到有清群动物的区域）；

- 确定当地应急响应更廉价的措施，而不是提供全部的补饲投入；
- 在方案实施过程中，受益家庭为减少劳动力或其他支出，可以投入实物；
- 私营部门参与的成本效益，例如，受影响地区的私营交易商可能有一个现有的分销网络，比从头做起的成本要低得多；

一旦收集和分析了基本信息，地方当局、地方领导人和目标社区召开公众会议和小组座谈会，就可以了解各个家庭具体的设计问题：

- 达成目标（结果）和优先顺序；
- 确定最合适的目标家畜种群（品种、年龄和性别），以获得补饲和提供多长时间；
- 决定饲养动物的系统——现地或饲料场；
- 确定不同类型饲料（饲草、精料和副产品）的可用性和成本；
- 计算需要补饲动物的确切数量和状况；
- 评估受影响动物特定的营养需求；
- 计算饲料需求以及购买和分配适宜饲料的成本；
- 总结以往补饲方案的经验，包括：
  - 经验教训：成功方面和失败方面；
  - 以往措施的实用性和适宜性；
  - 角色和责任，包括社区的角色和责任。

6.3.2 何时开始补饲

一般来说，如果家畜饲料供应严重缺乏，而且很难由饲养者保护估价高的动物，那么适时开始补饲。对于干旱等缓慢发生的应急情况，应在警报阶段结束时开始实施补饲策略，并应在整个应急期间持续实施。如洪水或地震等应急情况，需要对个别情况进行具体评估，并根据当地需要、做法和机会，确定脆弱群体和潜在补饲策略。延迟补饲会引起家畜生产力损失和死亡。

6.3.3 先决条件

补饲方案要取得成功，重要的先决条件是：

- 在方案执行期内，是否有可靠的饲料供应；
- 分配饲料的能力；
- 获取足够的支持服务，如供水。

然而，在实际中，有时应急情况非常紧急需要迅速开始补饲，并且不能挑选所用饲料的类型。

6.3.4 设计注意事项

在设计补饲干预时，重要的是要记住以下几点：

- 应尽早评估传统的应对机制，如果仍认为有必要补饲，方案应尽可能完善这些机制。

- 为了迅速对不断变化的环境作出反应，并在必要时将资金转换为其他干预措施，灵活性就显得至关重要。季节性因素、预料不到的持续干旱和饲料供应的变化都可能影响到补饲方案。

- 从长期来看，补饲是可持续的吗？还是该地区存在较丰富的饲料资源问题，如库存过剩？短期内存在风险，长期则是不可持续的？

- 许多引种和补饲方案弥补了应急干预和长期发展之间的问题，制订退出策略的计划是很重要的。

更多关于设计考虑的信息可以参见本手册第 2 章。

（1）家畜生产目标

一旦确定了补饲方案的主要目标，就可以确定配给最适当和可行的生产目标。一般来说，有四个广义的生产目标适合补饲方案，包括：

- **限制体重减轻**——这是一种基本的生存策略。其目的是用动物生存所需的最低营养来弥补有限的饲料资源，它需要对紧急情况可能持续的时间和在此期间可以承受的体重减轻程度进行估算。这将受到纳入实施方案的动物状况的影响，状况较好的动物能够容忍相对较大的饥饿。

- **保持体重**——这需要提供动物维持的饲料，在资源充足的情况下，它比以前的减轻体重方案更可取。它稳定了局势，并可以无限期地继续下去。然而，设计用于维持体重的策略，如果排除此地区中的风险家庭，则不应考虑。

- **恢复减轻的体重**——这个目标在急性期无关紧要。因为在急性期，维持或管理减轻的体重可以更有效地利用资源。无论如何，在早期恢复阶段，至少动物身体状况恢复到基础水平后，才可以恢复繁殖功能和生产产出能力。

- **提升生产水平**——这一目标在体重恢复后是可行的，因为严重营养不良的动物将把消耗的大部分营养用于增加体重。可在恢复阶段考虑此目标，可能是为了支持重新引种方案。

有必要了解这些目标，以选择适当的饲料间。但是，在选择适当的生产目标方面并没有固定不变的规则，这些目标必须基于单个情况、可用的资源和执行能力，表 8 提供了一般性指南。

（2）选取动物实施补饲

一旦决定开始补饲，就应考虑选择列入实施方案影响最大的动物，应考虑下列几点：

表8 补饲方案需考虑特殊生产目标和主要目标之间的联系（√—可取；√√—必备）

		生产目标			
		限制体重减轻	保持体重	恢复减轻的体重	提升生产水平
方案的主要目标	存活	√√	√		
	重建种群			√√	
	重新恢复役畜和驮畜工作能力			√√	√
	重建生产能力			√√	√√
	支持引种			√√	
	支持清群	√√			√

- 参与家庭中单个动物的状况；
- 受影响家畜饲养者的状况和地点，以及当地的安全状况；
- 为动物提供饲料的物流和成本；
- 是否有足够的资金和后勤资源来实施补饲方案？小规模、无重点、资金不足的项目不太可能产生有意义的影响；
- 优质饮用水的供应必须足以支持补饲行动，尤其是役畜和驮畜，特别是在炎热天气，需要大量的饮水；
- 支持服务，如动物保健服务，也必须足够；
- 必须评估补饲方案"拯救"家畜群体的长期可持续性，在这方面有疑问时，必须考虑其他更适宜的干预措施，例如清群、创造就业机会或现金转账。

虽然有必要确定哪些家庭可以从补饲中受益，但通常不适合补饲同一家庭中的所有动物。动物个体的选择应基于以下因素：

- **品种和类型**——有些动物能更好地应对和恢复饲料或水的短缺。可能只集中于需要最少帮助的动物种类，例如绵羊和山羊而不是牛。就动物种类而言，只有选取最有价值的动物作为补饲的目标，在实际中，更倾向于后备母畜，及较为有限的公畜，这利于紧急情况后重建畜禽群。在某些情况下，还可以考虑役用动物，或者可同时实行清群行动，考虑用最少的饲料投入就能获得合理市场价值的动物。
- **健康状态**——无论如何要考虑动物价值，生病或受伤的动物都不太可能从补饲中获益。如果它们随后死亡了，投入的饲料都将浪费。重要的是，补饲方案应与疫病监测或兽医干预措施有机结合，以识别和排除有危险的动物，还应考虑与当地屠宰设施或紧急屠宰干预措施挂钩。如果动物保健方案在改善动物卫生方面效果显著，则可能适宜通过补饲来强化这些方案。

- **身体状况**——纳入此方案的动物，应对它们的身体状况进行评估，和脆弱的动物相比，有些动物是更好的选择，因为那些脆弱的动物即使有可利用的饲料资源也不一定存活下来。附录 1 提供了纳入补饲方案动物身体状况的评分指南。如果补饲方案持续 1 个月以上，就应该对动物进行周期性的重新评估，因为家畜可能很快就会失去原有状态。

在大牧群占优势的牧区，重点可能是保护种畜，然而，在作物和家畜混杂社区，可能以所有家庭动物为目标，因为它们的数量可能很少。

总的来说，纳入一个方案应该反映动物个体的最终价值，因为它进入了恢复阶段。出售、屠宰或以其他方式处置不会从该方案获益的低价值动物，通常会更符合成本效益，从而避免与高价值动物争夺资源。

（3）补饲持续多久？

设计补饲方案的最后一步就是确定补饲持续时间。这可能是困难的，因为应急期间的进程往往是不可预测的，例如，在干旱情况下，恢复策略只有在降雨之后才有可能。实际上，方案持续时间可能只需根据一个有依据的猜测，过去的经验可以作为指导，但是，监控可以在获得更多信息时帮助调整方案，如果应急期间延长，就有理由寻求更多资金。

6.3.5 定义

- **蛋白质**是一种含氮化合物，是肌肉等身体组织修复和生长所必需的。反刍动物能够利用非蛋白质氮化合物（尿素）来制造蛋白质，其他动物，如猪、马科动物和鸡则不能这样做。
- **粗蛋白**（CP）是蛋白质含量（饲料中硝基含量的指标）常用指标，以干物质的百分比表示。
- **碳水化合物**本质上是糖类，是饲料中主要的能量来源。纤维也是一种碳水化合物，主要由纤维素（植物饲料）组成，不能被动物完全吸收，尽管反刍动物有一个处理高纤维饲料的消化系统。
- **脂肪**是一组高能量（高于碳水化合物）营养物质，由甘油和多种脂肪酸结合在一起组成。大多数脂肪酸是非必需的，这意味着身体可以根据需要从其他脂肪酸中产生，其他的则是必需的，必须包含在饲料中。
- **能量**主要由脂肪和碳水化合物提供，使动物维持保暖、运动、生长、生产和繁殖的化学反应。
- **代谢能**（ME）是指饲料中可被动物用于生产的能量，单位为兆焦耳

（ME）/千克（DM）。

- **矿物质**，身体通常需要非常少量的矿物质，但其对多种功能都很重要。
- **维生素**，身体也需要非常少量的维生素，但它是一种比矿物质更复杂的物质，它们执行许多任务，以维持身体的正常功能。
- **饲料摄入量**是动物每天可食用饲料的物理量，其受多种因素的影响，包括：饲料成分，特别是干物质含量；适口性；环境温度以及动物的年龄和生理状况。它是以每天食用的干物质（千克/天）为单位计算的。对于反刍动物和马科动物来说，它们每天可以吃掉相当于自身体重3%的干物质。
- **干物质**（DM）是用百分比来测量的，从干燥谷物的90%到茂盛、新鲜、湿饲料的15%不等。
- **饲料**是家畜可以吃的植物材料。
- **干草**是收割、晒干并储存起来供以后使用的草。
- **未割干草**是留在地里的未割的自然晾干的草。
- **秸秆**是收获后留在地里的玉米、高粱和谷子的干茎和叶。
- **嫩草**通常是乔木和灌木的叶子，营养价值很高，动物可以直接食用或切碎后食用。
- **作物残余物**包括稻草、秸秆和茎部。
- **农作物副产品**是食品加工过程中遗留下来的材料，如麸皮、甜菜粕、酿酒谷物、油籽饼。
- **油籽饼**是油籽（棉籽）经机械压榨机榨油后得到的物质。
- **粗面**是磨碎的谷物（不像面粉那么粗）或用机械和溶剂从油籽中提取油脂后得到的物质。
- **自由放养**指的是动物活动不受限制，可以自由放牧。
- **觅食**一词用于家禽，有时也用于猪，是指在当地环境中寻找可用的饲料，如有机物，包括昆虫。通常人们不食用这种觅食家禽。
- **半觅食**意味着家禽和猪在一定程度上是受控管理的，觅食饲料占所喂食饲料的大部分（通常提供饲料，家禽每天1/3，或30～40克的谷物；依据猪品种、年龄和体重，每天200～500克谷物）。
- **可觅食饲料来源**，包括两种来源的材料：家庭食物垃圾和剩余物，以及来自环境的材料，即作物副产品，花园、田野和荒地的拾荒物。
- **补饲**是给动物的额外饲料——对家禽和猪来说，是它们从觅食中获取一定量的额外饲料。

6.4 实施计划

6.4.1 应急期间饲喂反刍动物

一般来说，反刍动物的补饲方案主要包括三种饲料类型，单独或联合使用[①]：

- **粗饲料**可以提供能量，尽管它们也含有大量的蛋白质。例如：干草（干牧草）、新鲜或干燥的饲料作物（特别是作为动物饲料生长的草或谷物）、稻草和秸秆（外壳）、麸皮。干的农作物残留物（稻草和秸秆）营养价值不高，但价格便宜，可以保证动物在相当长的一段时间内存活下来。然而，它们体积庞大，运输成本较高。

在周期性应急情况下，例如蒙古国和阿富汗的严冬或某些非洲干旱的区域，可以从一部分放牧地割下草，在有利时期作为干草或青贮饲料储存起来，以备在紧急情况下使用。豆类作物（如三叶草属、柱花豆属）[②]或像紫狼尾草一样的草，可以种植在一般不受紧急情况影响的地方。在需要的时候，可以将它们运送到受影响的地区（最好是颗粒状或块状，以减少容积和运输成本）。补充含有高水平粗蛋白和矿物质的饲料有助于优化瘤胃发酵，从而有效利用可用饲料资源，如劣质牧草、牧场和作物残余物。本章后面将提供从不受紧急情况影响地方，准备和运输高密度全价饲料块（DCFB）或颗粒的进一步信息。

- **精饲料**可以非常有效地提供适当的营养平衡，因为它们可以满足特定的需求。例如谷物（玉米、大麦、小麦和高粱）、大豆和豆类，以及棉籽饼等副产品，然而，它们的价格相对昂贵，有些作物本来就是有价值的人类食物。这些可以直接作为饲料，或以复合饲料形式提供。

直接作为饲料时，只有自身一种成分，如玉米或大麦。这些饲料可以有不同的形式，例如全谷物可以呈碾碎的、卷起来的或颗粒状的。它们以易消化的形式提供浓缩营养素，并且相对容易运输和分配。但在紧急情况下，特别是在饥荒时期，从当地直接获取食物是有限的。然而，在某些紧急情况下，可以很容易地从毗邻未受影响的地区获得。应逐渐引入谷物（开始时，绵羊每天50克左右，马科动物每天100克，牛每天200克），以避免谷物中毒（酸中毒）[③]，这可能是由过量饲喂造成的。谷物不能占总饲料量的50%以上，其余

---

① 注：饲料表可在 http://www.feedipedia.org/上查到，其提供了各种有用饲料相对营养质量，可作为能量和蛋白质来源补饲方案的信息。补饲方案的目标应是补充现有的饲料。

② 豆科作物可以饲喂马科动物，但最好与其他牧草或饲料混合饲喂。苜蓿是马科动物常食用的豆科作物。颗粒饲料或块状饲料不是首要的选择，因为马科动物需要长纤维饲料以助于消化。

③ 由于过多谷物饲料在瘤胃或单胃动物肠道内快速发酵，产生大量气体和泡沫，伴有身体新陈代谢的变化，例如马科动物蹄叶炎，通常引发马急性死亡。

的应该是粗饲料，如干草或作物残余物。

复合饲料是饲料工业生产中一种满足特定营养需求的不同配料的混合物。通常包括谷物、具矿物质的豆类和维生素补充剂。配方根据不同品种和不同生理需求（如生长、产奶、产蛋等）而有所不同。这些复合饲料的质量差别很大，来自信誉良好公司的饲料会提供有关组分和营养构成的信息，而信誉不良饲料公司可能会出售不符合营养要求的不合格（甚至是有毒的）原料。

- **多营养块**类似于精饲料，通常由尿素（为反刍动物提供非蛋白氮）和糖蜜（提供能量）等成分制成，较为便宜。它们补充氮、维生素和矿物质，而这些通常在作物残余物中是缺乏的。如果饲料中含有尿素，只能喂给反刍动物，不能喂给单胃动物（如鸡、驴、马、猪、兔子），也不能喂给幼畜，特别是前反刍动物小牛、山羊和 6 个月以下的羊羔。在干旱早期，通常只有劣质草场，缺乏氮等营养物质，这些草场无法得到有效利用。在牧场营养价值还没有降低之前，可以考虑以多种营养块的形式向反刍动物提供氮，以提高摄取量和效能。由于它们是浓缩的、便宜并易于运输，可以提供一种快速改善或维持受影响动物营养状况的办法。多营养块应在喂食粗饲料的情况下使用，不正确或过度使用尿素会产生剧毒。关于尿素—糖蜜复合营养块的详细资料见附录 3C。

表 9　反刍动物饲喂策略，应急期间补饲改善影响

可用饲料	限制因素	改进方法	补饲成分和要求
足够量的干饲料，例如作物残余物、干草和牧场	低消化率，降低了摄入量和营养 营养不均衡，特别是氮、矿物质和维生素	补充蛋白质和矿物质	• 尿素-蜜糖复合营养块（经常饲喂） • 蛋白质丰富的谷物，例如蚕豆和豌豆（隔天饲喂 1 次） • 油籽饼/粗面（每周饲喂 2 次）
绿色饲料	缺乏牧草和干牧草，降低了蛋白质的摄入量	补充能量	• 高质量干草 • 谷粒（每周 2~3 次）
干牧草和品质差的饲草	牧草质量差加之数量不足，干牧草摄入量低	补充蛋白质和能量	• 尿素-蜜糖复合营养块（经常饲喂） • 谷物和油籽饼/粗面（每天饲喂或每周 3 次）

一些公司现在生产多营养块，添加额外的粗饲料，可以作为一个全价定量

饲料。这些**反刍动物全价饲料块（DCFB）**提供一种平衡的饲料形式，这是紧急补饲方案的最好的选择。这些多营养块的主要成分是粗饲料和浓缩的矿物质和维生素。为了减小体积，营养块被压缩，使得它们更容易处理和运输。典型 DCFB 组分是：85％秸秆、10％糖蜜、2％尿素、2％矿物质和维生素及 1％盐。对于处于恢复阶段的动物，秸秆成分可以减少到 60％，并用 25％的油籽饼代替减少部分。

（1）利用嫩草

在恶劣环境下，可以使用嫩草，其通常含有大量的粗蛋白质和矿物质，然而，它们的作用被与之结合的单宁酸（多酚）破坏了，使这些宝贵的营养对动物来说是不可用的。大多数存在于恶劣环境中的嫩草都含有高单宁酸，作为一种防御机制，可以减少动物的摄入量。在动物每天饮水或饲料（如麦麸、小麦面团）中加入 5～10 克聚乙二醇（惰性物质），在牛出去放牧时，则可以提高嫩草摄入量，并可以从消耗的干草和嫩草饲料中有效利用营养物质。对小反刍动物来说，每日聚乙二醇摄入量可降低至 3～5 克。工业级聚乙二醇（相对分子质量 4 000 或 6 000，两者皆可轻易获得；不推荐相对分子质量＜4 000 的聚乙二醇）相当便宜，在非常恶劣干燥的条件下，饲料中添加可以作为拯救动物的一种策略。这一策略曾在 20 世纪 90 年代津巴布韦干旱时期使用，拯救了成千上万的动物。

（2）利用饲料树

这种树有很深的根，可以从很深的土壤中吸取水分，因此，它们能够在严重水分胁迫下生存。干旱条件下的牧草和牧场含有很低的粗蛋白和矿物质，牛、绵羊和山羊的采食量因瘤胃不能充分发酵而减少。饲料树富含粗蛋白质和矿物质，通过补饲的方式，可以提高从所消耗牧草吸收和提取营养素的总量。这就"加速"了瘤胃的发酵，使得从可用饲料资源中提取的养分更高，摄入量也更高。这样反刍动物的营养状况增加，可以帮助动物在恶劣条件下生存，甚至改善它们的生长和产量。

（3）维生素和矿物质

对于反刍动物和马科动物来说，饲料中维生素和矿物质的浓度通常很低，但变化很大，很难应用一个简化的定量配给过程。在维生素和矿物质不足情况下，应急补饲方案旨在通过下列方式，确保动物体重增加或生产功能恢复：

- 提供嫩草或其他绿色牧草的组合，利用当地固有知识可以帮助识别草药或其他能促进动物健康和福祉的植物。
- 使用专有的维生素矿物混合粉（预混），例如舔砖或营养块。在可能的情况下，可以用维生素或矿物质的组合配方，以解决受影响地区的不足。对于大型反刍动物，可以在饲料中添加 2％维生素矿物混合粉；对于绵羊和山羊，可以添加 1％维生素矿物混合粉。对马科动物来说，免费获得盐块或在饮食中添加盐比使用专有的混合物更可取。尤其在炎热天气下显得更为重要，因为在炎热天气工作的马科动物会因出汗而失去盐分，如果使用混合物，以马专用的为最好。由于预混料的含量不同，因此应按推荐的日饲喂量进行饲喂。

6.4.2 应该使用哪些饲料

家畜所需营养素的种类和数量取决于动物的种类、大小、年龄和生理状况等因素。怀孕和哺乳期动物比未怀孕的需求会更多。役用和驮运动物比不工作的动物需要更高能量的饲料。年轻的、正在生长的、哺乳期和怀孕动物比老龄、未在哺乳期动物需要更高的蛋白质含量。哺乳期母畜比非哺乳期母畜需要更多的钙、磷和能量。如果把动物分成不同的类别，根据营养需求饲喂它们，补饲则是最有效的。

饲料中蛋白质和能量含量是最重要的成分。如果当地不缺乏矿物质，通常是由蛋白质或能量缺乏引起动物行为的异常，这就需要补饲策略来解决蛋白质或能量不平衡问题。补充其他营养物质，例如矿物质和维生素，也可能不会产生预期的效果。

为不同种类的受影响动物，提供不同类型的适当饲料，在设计有效的补饲方案时，考虑适宜性和成本-效益是非常关键的方面。为了尽可能地利用已分配的资金，将需要对各种可用的饲料进行某种成本-效益评估。此处所说"可用"是指提供足够的数量，以达到方案目标。这一评估应以比较为基础：

- 将每种饲料送到受体动物的成本，包括购买、加工、处理和运输的成本。
- 每种饲料对受体动物的营养价值，包括饲料所提供的营养物类型和它们的相对浓度。附录 3A 和 3B 提供了确定最佳选择的详细方法。

6.4.3 应急期间饲喂马科动物

在喂养马科动物时必须小心，确保饲草是它们日常饲料的主要部分，任何精饲料都只能作为补充，并且每天要分成几小份饲喂。马科动物饲料中饲草不应低于 50%，马科动物消化系统已经进化到可以消化纤维而不是谷物，而后者喂食过多会导致酸中毒、蹄叶炎和腹绞痛。

喂马科动物多少饲料

- 如果马科动物不工作，它们完全可以吃饲草饲料。据报道，马科动物每天至少接受其体重 1% 的长茎（纤维）饲料，相当于 100 千克体重 1 千克干物质。
- 马每天只能吃其体重 2% 的饲草，马可以吃掉相当于其体重 3% 的干物质，这取决于饲料的营养质量和它们的工作量，而驴有极强的消化能力，只需要大约 1.5% 的干物质。

- 驴和骡需要的蛋白质比马低，可以饲喂低质量的饲草。
- 工作的马科动物需要富含能量的饲料，这些饲料应以谷物为基础，如精饲料，作为饲草的补充。每天，精饲料不应超过其体重的1％，每天少量喂食（驴和骡为0.75％）。

6.4.4 应急期间饲喂家禽

应急期间，家禽生产体系决定了家禽的饲喂方案。

（1）后院家禽

自由觅食生产体系的特点是补充饲料的供应有限，特别是在饲料短缺和可觅食到的资源减少时。在许多地方，这种短缺通常发生在一年中的某些时段，或是在旱季，或是为了保护庄稼而限制鸟类觅食的时候。除了维持需求之外，定期提供饲料对维持所有家庭和后院家禽体系的生产力至关重要。当饲料资源稀缺时，最好减少生产家禽的数量。

在紧急情况下，一般没有多余的饲料，机构在采购和分发家禽饲料时，最好从当地饲料销售点购买饲料，因为这可以支持当地经济。建议的做法是，在可行的情况下，确定和使用当地可用的饲料资源，以制定出尽可能平衡的膳食。加工当地农作物的副产品（如麦麸、油籽饼），既可以作为能源，也可以作为蛋白质来源。

可觅食的资源，包括家庭厨房垃圾、谷物和副产品、根和块茎、油籽饼和食物、乔木、灌木（包括银合欢、丽香菊和田菁）的叶子和果实、动物蛋白饲料、动物血、白蚁、蛆、蚯蚓、牡蛎、蜗牛以及水生植物（浮萍、红萍和水雍菜）。

以下技术可用于为后院家禽生产家禽饲料：

- 蛋白质来源
    - 例如木薯、银合欢、田菁和甘草。
    - 动物蛋白，例如血粉、瘤胃微生物、孵化废物和皮革副产品。
- 使用非常规饲料原料，如茶叶废料、浮萍、蚯蚓和昆虫作为觅食家禽的蛋白质来源。
- 培养蚯蚓、蛆、白蚁和蟑螂，并将它们纳入饲养体系。
- 使用工业副产品，如啤酒厂和鱼类加工厂的副产品，作为补充饲料。
- 用饲料能源替代商业饲料，如木薯、甘薯、芋头（香芋）、竹芋（斑叶竹芋）、椰渣、椰子油、棕榈油和其他非传统能源。
- 用非传统的、富含蛋白质的饲料替代鱼粉、大豆和花生粕，替代品包括蚯蚓粕、蛆粕、翼豆、鸽豆、杰克豆、红萍（羽叶满江红、卡洲满江红、小叶满江红）、叶粕和辣木等叶蛋白浓缩物。
- 富含矿物质的动物包括烧焦的贝壳、蜗牛壳、蛋壳、鱼和鸡骨头，富含矿物质的植物包括木瓜、银合欢、桔梗、田菁和水生植物。

自助饲养体系是一种供家禽根据生理需要选择营养成分的饲喂方式，是目前饲喂觅食鸡的一种常用方法。人们在清晨和傍晚提供玉米、高粱和小米等补充能量的饲料，白天，家禽主要以蛋白质（昆虫、蠕虫、幼虫）、矿物质（石头、沙砾、贝壳）和维生素（绿叶菜、辣椒、油棕榈坚果）为食。有证据表明，自助饲养体系并不逊于提供全价的饲料。因此，真正需要的是在合适的时间可利用饲料资源的营养含量，在合适的时间给禽类提供所需的营养。

（2）商品禽

特定的鸡蛋（蛋鸡）或鸡肉（肉鸡）家禽生产体系依靠大量专有的复合饲料，这些复合饲料要么是购买的，要么是当地使用谷物现场生产的。为了达到高效的性能，对家禽特定的生长和生产阶段，复合饲料能提供确切和特殊的营养需求。利用具有不同化学组分的复合饲料饲喂小鸡、生长鸡、蛋鸡，应根据饲料生产者提供的使用说明饲喂。配方饲料蛋白质、能量、氨基酸、维生素和矿物质是均衡的。

生产过程通常是分批进行的，肉鸡的生产周期为 5～9 周，蛋鸡生产周期为 12～18 个月。特定的家禽生产体系规模，从几百羽或更少，到几千羽家禽群不等。突发应急状况，可能会影响到特定家禽生产体系饲料的供应。应对此情况的短期解决方案包括减少饲养数量，或者不能每天提供推荐的商业饲料时，可选择实行每周停喂 1 天的饲养法。但是这种饲喂方法只能实施较短时间，如果没有恢复常规饲料供应，就必须将家禽出售或屠宰。鉴于需要迅速解决应急期间突然出现的饲料短缺问题，但来自各方面的援助可能不够及时。

钙是蛋鸡需要的一种重要矿物质，它在鸡饲料中含量大约为 1%（1～2 周龄鸡）、2.5%（2～15 周龄鸡）、5%（16～28 周龄鸡），随后维持 4% 即可。16～20 周龄时，蛋鸡开始产蛋，25～28 周龄后产蛋量下降。在饲料中可添加 1% 维生素矿物预混料。

在干旱和洪水等应急情况下，需要关注饲料中的霉菌和黄曲霉毒素污染问题，应密切监测黄曲霉毒素水平（有关黄曲霉毒素的更多信息，请参阅饲料质量一节）。

为了降低饲料成本，还可以添加以下副产品：谷物碾磨、烘焙、酿造、加工后残余物，果蔬加工后剩余物和提炼食用油后油籽粕等，都是可能的饲料来源。是否纳入饲料组分，需要适当考虑成本、营养物质利用率、氨基酸组成、蛋白质消化率、保存期和家禽生长阶段。

家禽需要干净的饮用水，必须随时保持足够的水量，应尽可能使用专门为家禽设计的饮水容器和喂食器。

表 10 提供了商业禽所需饲料数量和特性的粗略估算。表 11 提供了应急情况结束后重新饲养家禽所需饲料数量和特性的粗略估算。

表10 典型家禽用饲料配方营养成分

能量来源	蛋白质来源	矿物质来源	其他
谷物（世界各地广泛使用的主要为玉米、高粱和小麦）	豆粕	补充钙：石灰石和壳砾	补充维生素：维生素预混剂
谷物副产品	菜籽粕	补充钙和磷：磷酸二钙、脱氟磷矿石、骨粉	晶体氨基酸：蛋氨酸、赖氨酸苏氨酸
动物脂肪和菜籽油	葵花籽饼	矿物质预混剂	非营养添加物：酶
	豌豆	氯化钠和碳酸氢钠	
	鱼粉		
	肉骨粉		

表11 蛋鸡和肉鸡饲料需求

生产体系	年龄	每个饲养周期总饲料量（千克/羽）	能量（卡路里①/千克）	蛋白质（最小量）（%）
蛋鸡	0～6周龄	1.1	2 750～3 000	20
	6周龄至开产	4.9	2 750～3 000	16
	母鸡	0.1/日	2 700～2 900	17
肉鸡*	0～5周龄	2.9～3.5	3 100	22～25
	5～9周龄	5.4～5.6	3 300	20

* 肉鸡屠宰体重＝2千克。

6.4.5 应急期间饲喂猪

最常见的商品猪生产体系依赖于复合饲料。

应急期间提供猪饲料，在大多数情况下，可以从受影响地区还在生产的饲料厂或更远的饲料厂购买饲料。如果需要，在地区层面可以大量供应复合饲料。向受益人提供复合饲料代表了向其提供最佳支持，因为它减少了其他进一步投入的需要。市场上复合饲料质量可能会有很大的差异，购买需要参考饲料厂日常质量控制情况。

根据猪的生理阶段不同，商品猪生产中使用的复合饲料有不同的成分。合理的饲料设计通常要考虑怀孕和哺乳期的母猪、断奶仔猪和育肥猪——它们之

---

① 卡路里为非法定计量单位，1卡路里＝4.186焦耳。

间有显著的差异。在生猪生产量大的区域，受体群体的选择至关重要。与其他短周期动物一样，这些动物可以在恢复正常生产之前，以较低的成本和相对短的时间内重新扩群，应优先考虑清群或扩群的干预措施。应重点给种畜补饲，特别是后备母猪和选育公猪，以确保生产可持续，同时尽量减少补饲的动物数量。

表 12 列出了猪生产体系中常用饲料组分的信息。大豆是全球公认的为单胃动物提供丰富蛋白质来源的饲料，并与谷物饲料搭配使用。复合饲料根据可利用性和组分价格不同而变化。

表 12　典型猪饲料配方组成（适用于热带地区）

能量来源	蛋白质来源	矿物质来源	其他
谷物（世界各地广泛使用的主要为玉米、高粱和小麦）	豆粕	补充钙：石灰石和壳砾	补充维生素：维生素预混剂
谷物副产品 甘蔗 甘蔗糖浆或蔗糖蜜 木薯淀粉	菜籽粕 棉籽粕 椰子粕		晶体氨基酸，特别是赖氨酸
香蕉和大蕉	葵花籽饼 豌豆 鱼粉 肉骨粉	矿物质预混剂 氯化钠和碳酸氢钠	非营养添加物：酶

表 13　猪不同生长阶段饲料需求量

猪类型 （活体重）	每天饲料摄入量 （千克）	能量需要量 （MJ/千克*）	蛋白质需要量 （克/千克*）
仔猪（约 10 千克）	0.5	13.5	165
猪（25～50 千克）	2	13	175
猪（50～80 千克）	2.5	13	160
猪（80～100 千克）	3	13	150
母猪（哺乳期）	4	13.5	165
母猪（孕期）	3	12	130
公猪（＞100 千克）	3		

*计算为 88% 干物质。

表 13 提供了对不同生长阶段猪饲料需求的粗略估算，便于定量计算饲料总体用量。根据经验，仔猪和哺乳期母猪需要更高的能量和蛋白质，而一般的猪饲料每千克含有 13 兆焦耳代谢能（ME）和 160 克粗蛋白（CP），而怀孕母猪饲料中需要加入更高水平的纤维。

对于仔猪（体重<50 千克），日常饲料中需加入 4% 维生素矿物预混料，而对于体重大于 50 千克的猪，可将添加量降至 2%。

饲养的猪数量越少，而且主要为家庭后院或觅食生产体系时，它们的饲料往往不同，包括厨房剩菜、农副产品、粗粮和非常有限的高营养价值成分，例如购买的复合饲料，如谷物、玉米或大豆。适应这种饲养方式的动物，可以在其常规饲料缺乏时补充精饲料，而不必提供全价饲料。

6.4.6　饲料质量

进口饲料必须符合植物检疫（植物卫生）和其他饲料安全要求，并适当储存。为减少分配不合格饲料的风险，可采取以下预防措施：

- 检查当地供应的饲料是否有可疑的包装，未知的专有名称、来源，如果必要，检查生产者的代码和批号等信息。
- 检查饲料是否有明显的霉变、腐臭、潮湿或变色迹象。
- 检查标签上的营养成分。
- 如果饲料看上去可疑，考虑对营养物质（能量和蛋白质）、干物质、惰性添加剂（如土壤或沙子，在分析中会显示出过量的灰分）、霉菌或毒素，特别是黄曲霉毒素进行独立实验室分析。污染植物产品中发现的四种主要黄曲霉毒素是 B_1、B_2、G_1 和 G_2，是一组结构相关的双呋喃香豆素衍生物，通常以不同的比例同时出现，其中黄曲霉毒素 B_1 是最重要的一种。这些化合物对人类和动物健康构成极大危害，饲料中黄曲霉毒素 B_1 的最高容许含量为十亿分之二十。这适用于所有动物。
- 如需购买大量饲料，应寄送具有代表性的样品进行独立分析。
- 确定谷物、干草和秸秆的代谢能单位成本和作为蛋白质补充物（如油籽饼、羽扇豆、豆类）的粗蛋白含量，为选择合适的补充物质提供了基础。

6.4.7　饲料运输和储存

（1）运输

用于运输饲料成分的车辆应该干净和干燥，以减少污染的风险，之前的饲料成分应完全从容器中清除，容器中装载同批饲料成分可避免污染。这意味着只携带其他类型饲料，而不是可能有毒的材料，如杀菌剂、燃料或某些液体。海运会增加饲料成分的含水率，因此应使用防潮袋和容器。下面储存部分列出的要点也与海运有关，当运输饲料需要一段时间时，用于运输的卡车和其他车辆应确保饲料成分避光、雨且不受污染，覆盖物也应保持清洁和干燥。

（2）储存

饲料配料或制备好的饲料应妥善储存，不恰当的储存会导致高温的积累，以及因霉菌感染或虫害（包括啮齿动物、昆虫、爬行动物和禽类）破坏而造成的损失。任一饲料配料被污染时都可能造成危害扩大，因此，应将饲料配料和制备好的饲料分开存放，不同材料以一定的方式码放应尽量减少交叉感染的机会。害虫不仅消耗饲料，而且其排泄物、动物尸体和蜕皮都会污染饲料。如果饲料长期储存，应制定全面控制鼠害和病虫害的方案。

储存期间应保持充分清洁，以尽量减少接触害虫、昆虫和病原体，光线应良好，以确保保持卫生条件。害虫可通过排水沟和孔洞进入储存饲料区域，因此应保持封闭或用铁丝网覆盖。洗涤剂、化肥和农药应单独存放，远离饲料或饲料原料，原料应以易于识别的方式储存。饲料原料或高水分含量的饲料容易滋生霉菌，在高温下储存时容易变质。富油成分特别容易变质腐臭。如果在储存材料中发现霉菌生长，应立即清除，以防止污染其他储存的货物。

在储存期间，应避免水分含量高于 $13\%\sim14\%$，因为这有利于氧化和发酵，导致发热，如果不及时消散，可引起饲料或谷物"冒烟"或燃烧。建议在热带条件下，袋装饲料最多堆放 $18\sim20$ 袋，且每组码放时，长不应超过 $5\sim6$ 米、宽不应超过 $3\sim4$ 米，两组间距应至少保持 $0.5\sim0.8$ 米，以确保适当的空气流通。如果原料储存在青储窖中，也要按照常规间隔放置，确保通风系统正常运行，避免温度上升。在干燥和低温条件下储存饲料，也需要通风平衡温度，因为温差会引起对流，在青储窖顶部和中部凝聚潮气，这易于霉菌和昆虫生长，以及霉菌毒素的产生。

高水分饲料在高温、高湿条件下贮存时，会发生物理和生物化学变化，尤其是谷物，经淀粉糊化后增加了含糖量。储存时的高含水量也会导致酒精和醋酸的产生，从而产生酸味。所有这些因素都降低了储藏谷物的质量，进而降低谷物摄入量。

饲料材料在储存期间也可能发生干燥损失，这将减少饲料的重量，对饲料管理造成不良后果。贮藏时间越长，水分损失越大。

应始终采用先进先出的方法，确保储存饲料的快速周转。

6.4.8 补饲时应注意事项

（1）可做方面

• 购买时确保饲料没有有毒杂草种子。

- 优先满足干旱动物的能量需求，选择一种能以最低成本提供能量的干旱饲料。

- 考虑动物在寒冷条件下增加的能量需求，根据情况的严重程度，饲料能量水平应该提高到20％或以上。

- 考虑到役用和驮运动物需要更高的能量（比维持能量需求高出20％～30％）。

- 慢慢引入高谷物饲料，确保干草、稻草等纤维性饲料。瘤胃要发挥最佳功能，就需要一定纤维，低纤维和高谷类饲料会导致瘤胃变得太酸。

- 对于马科动物，要吃大量的粗饲料，精料只应作为饲料的补充，因为太多的精料可引起腹绞痛、蹄叶炎和其他严重的消化紊乱疫病。

- 在提供补充饲料时，一定要确保有足够的水分，以避免太硬和消化不良问题。

- 如果充足，给猪加入粗饲料，以减少维持所需复合饲料的数量。

（2）反刍动物需求

- 将高品质饲料（高品质干草、青贮饲料、谷物）与高纤维饲料混合，以避免由于单一高纤维饲料（如作物残余物）降低瘤胃消化率而导致能量需求不足问题。

- 提供谷物，因为它们比干草更容易处理、储存和运输。确保它们没有杀虫剂和霉菌毒素等污染物。

- 饲料中脂肪含量低于6％，因为高脂肪含量会降低饲料的摄取量和消化率。然而，脂肪是能量的一种浓缩形式，因此是一种有价值的成分。

- 将豆类（羽扇豆、豌豆等）与谷类混合，可以增加饲料中蛋白质的整体含量。谷物富含能量，但蛋白质含量较低，因此可以将豆类添加到高纤维饲料中以提高蛋白质水平。

- 考虑购买和供应加工过的谷物，碾碎或碾压谷物可以提高牛饲料30％～40％的能量可用性，但羊饲料却不行。

- 饲料中有超过50％谷物存在时，通常会缺少钙，在谷物中添加1％的石灰石可以预防钙缺乏。如果饲料中的粗料含量超过50％，则不需要添加石灰石。

- 考虑在谷物中添加0.5％的普通盐，在高谷物饲料中会缺少钠。

- 在饲料中缺乏绿色饲草时，要预防潜在的维生素A和E缺乏，考虑在饲料中加入15％～20％的非常规饲料（苹果、葡萄和番茄渣、柑橘果肉、谷物渣、大米和麦麸等）。果渣和果肉含水量高（50％～

85%），如果储存不当，容易发霉。大米和麦麸也是磷的优质来源。

- 在低氟和低镉的动物饲料中，使用磷酸一钙和磷酸二钙作为磷的来源。

（3）禁做方面

- 快速改变饲料，会严重扰乱消化过程。
- 以任何形式向非反刍动物（家禽、猪、马科动物）或 6 个月龄以下的反刍动物幼畜饲喂尿素。
- 磷肥含有氟，使用其作为磷的来源。
- 用泔水喂猪，除非经过适当热处理且其中不含猪肉。
- 棉籽饼中存在棉酚（一种天然酚），其饲料中干物质含量超过 30%。

6.5　有关监控、评价及影响评估的说明

定期监控和评价是饲料方案成功的必要条件，应在执行方案期间进行。所有利益相关者都需要确保以公开、定期和及时的方式共享收集到的信息，以便采取纠正措施。监控应集中于：

- **动物相关指标**——所需的动物相关信息会随环境而变化，但应记录身体状况评分、体重（使用腹带随时记录变化）和存活率等信息。其他指标，如是母畜禽，还要监控产奶量、产蛋量、繁殖率和后代存活率。除了生物数据之外，还应收集受益人的反馈和社会经济资料，例如畜禽和畜禽产品的价格。
- **过程指标**——可包括：饲料分配的数量和类型、分配给谁、分配持续多长时间以及饲料的成本。

根据家畜生产参数、采食量和质量参数进行评价，可以调整补饲策略，以达到预期的效果。社会经济资料、财务指标和生产参数是有用的评估指标。这类信息的整理对于处理未来的紧急情况也是非常有价值的。

考虑到为不同生产体系和应急情况设计补饲策略的复杂性，很难为影响评估提供统一的行动方案。但是，活动开始时，必须确定在活动结束时为进行影响评估而收集的各种变量指标。

成本包括饲料的购买、运输、处理、储存、浪费和分配，再加上农民培训和执行机构的固定（管理）费用。可以从增加牛奶产量、最终收益率到正常生产水平中获取收益方面的定量信息，增重、繁殖率、后代和动物存活数量，役用和驮运动物经济效益，以及随后时间内不需补饲而间接节省下来的费用。效益往往只是指示性指标，因为必须做一些假设，如不补饲造成的死亡率。

第 10 章包含更多关于影响评估和收益-成本分析的信息。

6.6 检查清单

6.6.1 基础信息

- 饲养方案的目标是否清晰明确：应急期间存活、维持核心种群和幼畜、补充缺少的必要原料成分（饲料中缺乏蛋白质或矿物质）、为新企业建立健康的畜群（重新建群）？
- 什么是营养风险：接近饥饿、急性营养不足（短期内得不到饲料）、慢性营养不良（长期缺乏饲料，如干旱）？
- 将何种动物列为靶动物？
- 当地是否有可利用的饲料资源（牧草、农作物残余物、副产品、商业饲料），其数量是否可量化？
- 提出补饲，饲料供需情况如何？该区域饲料充足与否？
- 拟议受益人是否能够获得并负担得起当地可获取的饲料？
- 饲料问题是由于供应不足或需求不足，还是两者都有？

6.6.2 设计注意事项

- 是否估计了饲料需求（基于方案目标、预期持续时间和受影响动物数量）？
- 如何满足饲料需求，用什么饲料（干草、谷物、多营养块或商业饲料）？
- 建议的时间范围是否可行——饲料能否及时获得并满足需求？
- 所需饲料来源于哪里——本地、国内还是国际？
- 采购饲料的合同安排是否符合要求？
- 饲料将如何分配给受益人？
- 补饲是否与其他干预措施一起实施？
- 其他服务是否可用——动物保健服务、供水？

7 水供给

7.1 原理

水是所有动物生理平衡和健康的基础[1]，除了一些骆驼类动物外，没有饮用水，它们不能存活下来。缺水会导致食欲不振、消化不良和排泄物减少，所有这些都会导致发生许多疫病。在动物用水受到威胁的紧急情况下，提供替代水源成为优先选项。缺水也可能使原本充足的放牧区无法使用。具有讽刺意味的是，畜牧水资源的无计划开发可能导致干旱地区或处在干旱季节的地区过度放牧，这些地区历来在抗旱能力方面发挥着重要作用。

自然灾害和紧急情况通常会限制家畜水供应，特别是干旱。然而，其他类型的灾害也会导致严重后果，例如高海拔地区的地震或滑坡，可能会阻塞通往家畜水源地的长距离的通道。例如海啸，会导致池塘被含盐的海水淹没而造成家畜淡水损失。

与补饲一样，供水方案可以包括：

- **将动物转移到有水的地方**，特别是繁殖种群；
- **增加可利用水资源**，通过采用可用的地表水和地下水或将水输送到受影响地区。

当然必须考虑到，灾区的缺水会对人类和动物产生同样的影响。

7.2 增加可利用水资源的类型

应急期间，有三种办法来解决缺水问题或改善供水，按易于实施和成本效益的顺序列出如下。

7.2.1 将动物转移到有水的地方

人们越来越认识到，干旱地区的饲养人员与邻近的牧民和小农户共享水

---

[1] 见《家畜突发事件应急指南和标准》（LEGS）第 7 章。

源①——水井、钻井和地表水集水项目（水坝和雨水收集设施，如储水池），这在灾害期间更为常见。在某些情况下，这种互惠方法是几代人为了使家畜能够继续在恶劣环境中饲养而传承下来的，因此，重新安置受干旱影响的家畜是解决饲料和水资源短缺问题的最具成效的方法之一，也是世界许多干旱地区经过考验的应对干旱的办法。

随着旱灾的缓慢发生，家畜也逐步进行转移，牧民也可以提醒非干旱地区的人们，他们正开始把家畜转移到此地。除了向潜在的畜牧社区发出警报外，饲养者还应向地方政府发出警报，从而在家畜的有序转移（包括穿越城镇和村庄）方面获取帮助，需要地方当局为沿途受干旱影响长途跋涉的家畜提供紧急动物保健和补饲。

在世界一些地区，这种分享水和放牧的互惠安排由于行政边界的变化和发展而开始失效。然而，只要发生这种情况，地方行政人员就有可能使社区重新团结起来，重新协商长期的互惠政策，以保障家畜财产和恢复建设。在某些情况下，可以通过翻修和改善社区的家畜饮水点来促进这些社区达成共识。

7.2.2　现有供水点的修复

在干旱或地震发生后，供水点经常会遭到破坏。干旱期间，通常会过度使用仅可为少数人和动物供水的手动泵和水井，同样，池塘等供水点可能因开采过度而遭受结构性破坏。在日常维护和维修缺失的地区，损害更大。

在地震期间，家畜饮水点的基础设施可能会被破坏。在这种情况下，紧急修复有助于向家畜供水，并防止剩余水源周围的开采过度。随着供水点和通道的恢复，饮水所需的时间就减少了，家畜可以更早地返回牧场，从而最大限度地延长放牧时间。

从干旱地区迁出后重新安置家畜，恢复现有供水点往往是与家畜饮水有关的最具成本效益的应急干预措施。效益成本比率通常也有所提高，因为在许多情况下，牧民及其家人可以共用经过修复的供水点。但是，在以这种方式共用供水点的情况下，应考虑为人类提供单独和安全的饮用水。

7.2.3　水的运输

水资源不足，加之劳动密集、运输水费用较为昂贵。用货车或卡车运输水，通常被认为是最后的干预措施，因为一旦水被运到短缺地区，运输就需要继续直到恢复正常供水。严重干旱期间，可能几个月都没有水，导致成本上升。但是，由于脱水带来的严重危险以及水对家畜，特别是繁殖家畜的重要性，运输水可能是短期内唯一的选择。在这种情况下，可能需要作出艰难抉

---

① Kratli, S. (2015). 重视可变性：关于具有气候抗御力的旱地发展的新观点，可以从：http://pubs.iied.org/10128IIED.html 获得。

择，决定哪些动物需要供给水，哪些减群或屠宰。

7.3　计划与准备

- **当地供水**——评估目前的供应，包括可从现有来源提取的水量和水质；
- **区域供水**——类似于对当地水资源的评估，但涵盖更广泛的区域，必须包括最接近的没有受到影响的水源，以及以前受灾害影响的牧民进入过的地区；
- **计算需求**——根据需要水的人类和动物（如果适用的话）的最低要求，计算总量；
- **搬迁**——绘制家畜和牧民前往未受缺水影响地区的路线；
- **恢复**——评估修复受损家畜供水点的费用，包括评估优先供水点的费用；
- **运输**——规划从水源到受益人的运输方式；
- **分配**——如何确保选定的受益人拥有同等权限，同时考虑到所有利益相关方，特别是当前用户的需求。

重要的是，所有旨在改善受灾害影响家畜用水供应的计划都应有政府机构参与，同人类供水的其他组织共享。这一点特别重要，因为当水源共享或水源接近时，增加家畜用水势必会影响到人类供水。

在修复和管理现有的供水点时，必须认识到技术挑战往往是次要的，而解决社区参与和与管理有关的问题可能更难。因此，重要的是，在对家畜用水进行干预之前，要花时间确定主要利益相关方及其相关的角色和责任。在提供信息了解不同利益相关者的投入时间，对于确定改进境况的正确方法、设计最终的干预措施和改善供水系统的可持续性都至关重要。

在利益相关方协商期间，必须与用户群体会面，以便更好地了解日常如何管理家畜和人类用水点。例如，用水是否仅限于单一社区，还是与更广泛的群体共享？何种动物使用水，以何种顺序，是先来先饮？还有谁负责清淤等维护？还可以就社区如何管理不同用户之间的冲突提出问题。通过这种对话，还可以介绍其他议题，包括如何修复及改善维护不善和受损的供水点，以及谁最能领导这一进程。为了阐明进行这些对话的必要性，一个在非洲之角与受干旱影响地区牧民合作的机构，提出了用钢筋混凝土制成的水槽取代传统家畜饮水槽的想法，这样做的目的是减少牧民修复水槽的时间，从而降低家畜的通行时间和家畜饮水的时间。通过交流，商定利用当地现有的工匠启动一个小型项目，但随后决定实施该项目还要改进更利于妇女取水的方案，改进包括为妇女创建一条特殊的人行道和一个蓄水池，以便妇女能够迅速取水并返回家园。

在进行对话时，特别是干旱时期，有时可能会要求增加投资用以开发新的供水点。即使在正常情况下，水也可能供不应求，但不建议在灾害时期开发新的供水点。时间太短、资源太少，无法详细讨论建立或者维护等方面的问题，诸如新供水点的长期管理等。其结果是，在危机时刻开发的供水点往往无法提供计划中的好处——它们可能被掌权者所利用，或者年久失修。然而，尽管认识到开发新水源地的挑战，但在某些情况下，由于运输水的成本太高，钻井可能会更便宜。如果这样，可以与社区讨论并达成一致意见，即在灾害过后即刻加盖封阻钻井，但此法仅作紧急应对使用，特别是水文学研究已经证实地下水位有所下降的情况下。

LEGS（LEGS第二版图 7.1）是一个有价值的工具，可提供关于水的决策树用于决定有关供水的适当干预措施。

7.4 实施计划

7.4.1 水质

尽管家畜的用水标准低于人类，但家畜用水干预的水质问题很少明确，这是因为在世界上的许多地方，牧民始终与家畜使用相同的水。虽然不应鼓励这种做法，但应尽一切努力向家畜提供质量最好的水，前提是假定有些人会饮用这种水。水质应尽可能清澈，没有动物尸体（即使是小型的啮齿动物），没有植物和有机物，也没有异味。如果正在开发家畜用水点，应通过社区协商来支持此做法，其中应概述人类使用这类水的相关健康风险。还应尽一切努力监控水的使用情况，并使适龄人口能够使用替代饮用水。

在设计干预措施时应考虑到以下几点：

- **水源**——小的浅井和溪流与大的井和强烈流动的溪流相比，更有可能成为污染或产生劣质水，此外，地下水的化学成分可能比地表水更不平衡。
- **水质的季节性变化**——水质差的水在炎热和干燥时期可能变得不适宜饮用，因为：（a）开放水源的蒸发水平较高，盐度自然增加；（b）由于热量和较多的干饲料摄入，家畜更多地使用供水，这可能导致污染；（c）水温升高。
- **动物的年龄和状况**——哺乳期、幼龄和虚弱的动物通常比公畜和非繁殖母畜更容易受到劣质水的影响。
- **动物种类**——动物间对水盐度的耐受性差别很大。

7.4.2 水的需求量

家畜的水需求因环境温度、采食量、饲料类型、生理状况（怀孕/哺乳）和生产水平而有很大差异。每种动物的需水量参考如下：

- 牛（成年）　　　　　40～50 升/日
- 周岁马　　　　　　　25～40 升/日

- 犊牛　　　　　　　　15～25 升/日
- 骆驼/单峰骆驼　　　　30～40 升/日
- 绵羊/山羊（成年）　　5～10 升/日
- 幼畜　　　　　　　　5 升/日
- 马（适度劳动）　　　50～55 升/日（气温 35℃）
- 马（适度劳动）　　　20～30 升/日（气温 20℃）
- 猪（成年）　　　　　5～10 升/日
- 家禽　　　　　　　　20～40 升/(100 羽·日)

　　驴对水的需求量通常比马略低。所提供的饲料类型也会影响动物的日常用水需求，例如绿色饲料的含水量很高，因此，如果饲喂这种饲料，饮用水的需求量将会更少。

　　工作中的马科动物水的需求很难预测，取决于环境因素（热度/湿度）、工作时间和强度以及动物对特定环境的适应性。理想情况是，在任何时候都应提供新鲜、清洁的水，但如果不可能，则必须在一天中定期提供足够的水。可以鼓励养殖者随身携带水桶，例如绑在他们的马车上，这样每当有机会（有水泵）时就可以给动物供水。

　　由于应急期间很难满足所有动物的全部用水需求，建议每两天向牛提供大约 20 升水，每两天向绵羊和山羊提供 5 升水。

7.4.3　水的运输和分配

　　（1）运输

　　每当需要运输水时，无论是通过管道或者运河，用水桶还是水箱运输，运输工具的条件和清洁程度都直接影响到水质。水箱可能会用于运输其他液体，包括可能有毒的物质如除草剂、化肥和燃料。最好避免使用水车，如果这是唯一可行的选择，装载前需要彻底清洗水车。

　　（2）储水

　　在处理运输来的或当地提取的大量水资源时，需要蓄水设施。储存设施应防止水质恶化。特别是，应限制使用这些设施，以避免误用储存的水（用于清洁、洗涤或个人卫生），避免人类或动物粪便造成污染，避免啮齿类动物等小型动物溺水。

　　（3）分配要点

　　一旦向社区提供水，就需要组织向个别家庭或牛群/羊群分配，以避免过多人和家畜聚集在一个区域。对于反刍动物如骆驼和马，建议这些动物前往一个共同的水源分配点，轮流喝完它们的份额，然后步行返回。这种做法不需要向最终用户运送水。如果人类和家畜共用水资源，人类的取水点应该在上游，并通过物理屏障与家畜饮用点分开，以避免被动物污染。

通常不宜长途行走的家畜（例如猪、家禽和其他小型动物），需要直接在它们被圈养的地方提供水，这就要求组织者确保最后运输环节适用于所有受益者——也许包括分发容器或当地使用盛水容器——特别是在定居点较分散或者基础运输设施较有挑战性时。

（4）服务费用的支付

正常情况下，在农村地区发展新的供水点和维持现有供水点，需要地方当局和社区之间分担责任。例如，在一些国家，在国家政府的支持下地方当局通常将带头开发新的供水点，而社区则有责任维护和修理已完成的设施设备。然而，在一些国家，社区可与地方当局协商开发自己的新供水点。

然而在应急期间，可能会扰乱这些安排，从而使地方政府和社区都不可能建立新的或者维持现有的供水点。因此，国家政府或国际发展伙伴有必要提供援助，以确保现有的供水点得到适当和充分的维护从而不影响供水。虽然地方政府和社区可能需要援助，但重要的是，所有工作之前都要进行社区咨询，以便所有利益相关方都清楚，援助是与灾害相关的，而当灾害过去后，将重新引入更正常的安排。如果在正常情况下，供水点得不到妥善维护，这需要商讨如何安排，例如建立社区维护基金。

在非洲之角，各国政府和发展伙伴使用现金支付工作方式以确保维持现有的供水点，例如，在干旱时期清理家畜饮水池和储水池时水池较干燥，因此更容易清理。这样不仅能在下次降雨时增加储水能力，还能为当地经济注入活力。

为了减少人类和动物在交接点时过度拥挤，可以通过代金券（纸质、电子、智能卡）支持水运输干预措施，这些代金券（纸质、电子、智能卡）明确了每个家庭需要接收水的家畜类型和数量，以及在哪一天的顺序。理想情况下，动物数量应保持不变，动物接受水的顺序应该颠倒过来，以便在某一场合最先得到水的动物在另一场合最后得到水。还需要使用燃料代金券，特别是在偏远地区，协助完成水运输的干预措施。使用燃料代金券进行与家畜有关的干预措施包括清群和补饲，在第4章清群中已有详细描述。

7.5 有关监控、评价及影响评估的说明

众所周知，监测、评价与水相关的干预措施较为困难，因为水需求的即时性（没有足够水的家畜将在几天内死亡）很难收集分析相关信息。这就是为什么应侧重于满足家畜的迫切用水需求，其次重点在开发或恢复可持续性的供水点。下面的清单为短期和长期规划中的优先事项提供了指导。

在许多文化中，为家庭和某些家畜（如小反刍动物）提供水是妇女和儿童的责任，因此，在规划用水干预时，应特别注意监控对妇女和儿童的潜在

影响。

总的来说，监控和评价应确保供水措施得到有效执行，惠及选定的受益者，并对目标社区的生计产生积极影响，且不或很少产生不良副作用。例如，过度依赖水车运输将不会持续改善供水，因为它只能提供短期的水源。除了紧急运水到缺水地区以外，所有干预措施都旨在为当地社区带来长期利益，并应在干预过后进行监控和评估。

7.6 检查清单

7.6.1 基础信息

- 了解水缺乏的原因了吗？
- 了解当地应对水资源的策略了吗？
- 是否评估了水资源短缺的程度（到水源的距离）？
- 知道有多少人和动物受到严重影响吗？
- 当前的用水安排对环境有影响吗？
- 所有可用方案都已评估并确定优先级了吗？
- 家畜可以迁移到其他地区吗？
- 通向这些水源的路线安全吗？
- 是否有在应急期间维护和恢复现有供水点的经验？从中学到了什么？如何发展和改善有效实行方案？

7.6.2 设计注意事项

- 是否有可能使用"现金支付"计划？
- 是否确定了合适的修复水源，包括：
  — 水的容量和质量；
  — 供水需求；
  — 受损程度；
  — 供水点管理；
  — 环境考虑。
- 在应急期间是否有开发新水源的历史？有哪些经验教训，如何发展和加强正确方法？
- 是否确定了合适的新供水点，包括：
  — 水的容量和质量；
  — 供水需求；
  — 成本；
  — 供水点管理；
  — 环境和可持续性考虑。

- 在运输距离内是否有足量①和质量②合格的水？为家畜运水是否会导致与人类用水的冲突？

7.6.3 准备

- 运水的合同安排是否"符合目的"？
    — 燃料和备件来源是否可靠？
    — 容器是否干净无污染？
- 是否可以确保水源现有用户的利益不受损害？
- 如何管理水的分配？
    — 代金券可用来取水吗？
    — 将如何定量供应水？

---

① 供应的连续性也很重要。

② 比起人类用水，家畜的水质不那么重要，不用于人类饮用的水可以从河流或湖泊中获取。

8 家畜安置场所

8.1 原理

自然灾害和人为灾害往往会对动物圈舍、安置场所、饲料仓库、畜栏①等与家畜养殖相关的基础设施造成损坏。如果灾害造成人和家畜失去住所，则需要为之提供房屋和住所。一般来说，应急响应方案首先会为人们提供建筑材料和设备，以便及时重建、修复受损的房屋和基础设施，然后再酌情为家畜提供援助。

家畜安置场所是指动物生存所需的实体设施，可以是临时的或长期的，可以保护家畜免受恶劣天气、捕食、偷窃的影响。在极端天气下，即使是最基本的家畜安置场所也能减少家畜的不适和环境对家畜的影响。年幼动物对夜晚降雨和湿冷特别敏感，这会提高幼畜的死亡率。

动物安置场所也应纳入人类住所一并考虑，例如动物群被迫离开，只是简单地启用以前的设施也是不可取的。家畜安置场所需求的评估要作为广义的场所需求的一部门进行评估。家畜安置场所的主要目的：

- 通过使用当地材料建造畜栏，搭建带顶棚的场所或安全的外部区域来**确保家畜的生存**；
- 通过相应措施，抵御气候威胁（温暖），确保安置场所有足够的活动空间，**解决动物福利问题**；
- **通过封闭方式管理用水、草场和牧草**，避免动物践踏和毁坏农作物；
- 通过对动物粪便、污水以及病害动物尸体进行适当的无害化处理，**减少环境和公共卫生风险**；
- 通过隔离、接种疫苗、治疗以及检疫等措施来减少疫病传播的风险②；

---

① 见《家畜突发事件应急指南和标准》（LEGS）第8章。
② 见《家畜突发事件应急指南和标准》第5章"兽医支持"。

- 通过提供安全、舒适的环境，适当补饲和供水，**恢复动物生产能力（奶、肉、蛋）**[①]。

家畜安置场所与动物迁移一样有着悠久的历史，但不幸的是，由于没有记录或报道，现存很少找到有据可查的资料。

8.2 安置场所干预措施类型

建造安置场所是一种对离开或不离开的受影响畜群提供安全、健康居住空间的策略。尽可能恢复和重建也包括家畜所需安置场所。家畜安置场所能够为家畜提供生存、生产和繁育所需的保护性实体设施，同时也解决了动物福利五项自由之一：通过建设安置场所为家畜提供保暖和空间，使其免受不适的自由。

8.2.1 临时家畜安置场所

在灾害发生后，特别是在极端天气下，迫切需要为家畜提供安置场所，以便提供饲料和水。在不影响人类住所需要的情况下，使用当地材料在社区内建设家畜临时安置场所，在时间和资源能提供满足长期解决方案之前，应保留家畜临时安置场所。

根据动物种类及总体情况，临时安置场所一般可提供以下用途：
- 保护动物免受风吹日晒、雨雪、寒冷或炎热天气之苦；
- 保护动物免受捕猎和偷窃；
- 提供饲料和水；
- 提供居住或休息区域；
- 能把动物圈养起来，防止动物四处游走；
- 能将畜禽特殊群体单独分开；
- 为不同的动物提供最小免于不适的自由空间。

应急期间，根据不同养殖体系，确定以上哪些标准作为优先考虑项。在社区内养殖反刍动物、驴和马，都需要使用防护栏，为此，需提供一些围栏材料，如木杆，并搭建顶棚遮阳。对鸡、鸭、兔等小型动物，则需提供笼、篮或网和一些基本的建筑物料，以便可提供足够的临时安置场所。

表 14 给出了建造临时安置场所的最小空间要求。如果打算长期使用安置场所，则会有不同的空间要求，考虑到动物福利，有必要增加对最小空间的限制。

可以为一户或多户养殖者提供家畜安置场所，建造家畜临时安置场所必须依据当地或国家法律法规的要求，应考虑以下几点：
- 政府立法要考虑到家畜安置场所是否设置在难民营，是否会影响当前的形势？

---

① 见《家畜突发事件应急指南和标准》第 6 章 "饲料供给"、第 7 章 "水供给"。

- 是否促进可持续发展，并符合环境保护需求？
- 难民署和政府之间是否有关于难民从事畜牧业生产的协议，如何解释？
- 其他哪些组织、机构或个人有权参与讨论和决策？

表 14 热带地区不同种类动物兔于不适所需最小空间

动物种类	长度	宽度
牛（成年）	平均 2~2.5 米	1.5 米
马（成年）	3~4 米	1.7 米
驴（成年）	2.50 米	1.0 米
绵羊	成年羊 0.6~0.8 平方米，带仔母羊 0.9~1.2 平方米	
山羊	成年羊 0.6~0.8 平方米，带仔母羊 0.9~1.2 平方米	
猪	50 千克以下 0.6~1 平方米，50 千克以上 1~1.5 平方米	
家禽*	3~5 羽家禽/平方米	
兔	4~6 只兔/平方米，带仔母兔至少 0.25 平方米	

*根据不同需求决定家禽养殖模式：地方品种或商用品种，后院养殖或规模化养殖，养殖品种（鸡、鸭等），肉用或蛋用。

资料来源：热带地区畜牧业建筑物建造手册，法兰西共和国外交事务合作与发展部，热带国家畜牧兽医研究所，1985 年。

8.2.2 材料和设备

家畜安置场所应尽可能使用本地建筑材料，以降低成本，当地社区要尽快了解这一流程。本地采购还可以促进当地经济。

（1）临时安置场所，提供的材料包括：

- 镀锌金属屋顶板：具有不同尺寸、厚度和基本轮廓（波纹或脊形），或天然材料，如草或棕榈叶；
- 金属网：不同的尺寸、图案（六角形或连环形），厚度和涂层；
- 电线，钉子和钉书钉（按重量出售）和当地的绳索；
- 杆或木材（锯木、立柱或栏杆），木材可以是软木（针叶树）或硬木；
- 沙子、混凝土和水泥（按重量或体积出售）。

（2）额外的设备包括：

- 饲料和水槽（塑料、木材或镀锌金属）；
- 饲料箱；
- 挤奶机，水桶等；
- 锤式粉碎机；
- 体重秤；
- 家禽、兔和其他小动物的笼子或围栏。

（3）饲养家畜，需要的材料：

- 用于围栏的杆或木杆，围栏的线，石头或树枝；
- 钢丝、钉子和钉书钉（按重量出售）和当地的绳索。

（4）其他设备包括：

- 饲料和水槽（塑料、木材或镀锌金属）；
- 饲料箱；
- 挤奶机、水桶等。

8.2.3　长期家畜安置场所

建造临时安置场所是为了满足当下急迫的需求，因此它们不能作为长期安置场所。长期安置场所基本构造类似于临时安置场所，但更坚固、更注重细节，特别是在饲养管理方面。建造长期使用的家畜安置场所价格昂贵，但如果条件允许，必须将其作为长期投资，因为在畜牧业养殖中，安置场所是畜牧业生产的关键要素。应尽可能设计和建造长期使用的家畜安置场所，一旦发生灾害时可将家畜的风险降至最低。

如果无家可归的人们携带有财物和家畜，则应为人和动物提供足够的空间，并确保将人与动物分开，以满足卫生条件，与此同时，还需给动物提供单独的饮水。

8.2.4　安置场所和基础设施

安置场所和基础设施是一种覆盖比较广泛的干预措施，也与家畜养殖社区相关，例如当供水或市场受到严重破坏，社区或迁到其他地方。

安置场所的干预措施通常伴随着政策和宣传工作，就家畜养殖社区而言，这些措施包括协商土地权或放牧权，治理环境以减少对动物和公共卫生的威胁，以及加强与安置场所设计人员联系以确定养殖者的需求。

> 因此，在自行安置或计划安置场所时，确定有效利用边界土地为无家可归者提供生计是非常重要的。理想情况下，应使土地对当地居民所有，以便一旦无家可归者问题得到长期解决后，土地便成为当地人的发展资源。例如，对洪水泛滥的土地进行排水，或改善缺水地区的可持续水资源。
>
> 资料来源：流离失所者过渡期安置措施，剑桥大学安置计划和牛津大学饥荒委员会，Tom Corsellis & Antonella Vitale，2005。

8.3　计划与准备

8.3.1　干预前评估

在对安置场所和基础设施制定合理的计划和干预措施前，进行需求评估和形势分析是至关重要的。为了制定详细的计划，需要摸清家庭成员的全面信息，包括性别和年龄，劳动力分工和文化规范等。关于家畜的数据应包括目标畜种、动物的数量和类型（例如性别，成年、幼年动物），有关基础设施的信息应包括安置场所类型、对安置场所和基础设施的破坏程度。值得一提的是，一些人群虽然带着动物迁移，但他们保留有基本的财产和物资，以确保家畜活动的最低要求。

法律问题应作为评估内容加以考虑，各国政府的首要地位应得到人权组织的承认。在提倡地方和国际公认的准则和标准时，应提醒官方注意各国法律框架中存在的差距和不一致。在评估过渡期安置需求的同时，必须考虑东道国/地区的法律和法规。需要考虑的领域包括：

- 传统的放牧权和用水权；
- 准入规则和土地使用权；
- 兽医服务条例；
- 有关动物移动和检疫活动的规定。

⊙ 插文 10 民众安全安置场所通用指南

这些考虑因素来自 IFRC 在 2011 年发布的《住房安全指南：如何建造得更安全的重要信息》，它们同样适用于家畜安置场所。

建造新的住房

在设计住房和选址阶段，应考虑需要避免的潜在危险。如果涉及集中开发新建筑物或新住宅用地，则应对选址、布局和基础设施建设重新进行风险分析和减灾设计的评估。国家建筑法典中会确定易发生特别风险的区域，并指定如何提供安全配置。传统建筑技术还可以提供适当的措施来应对当地的灾害。PASSA 流程（提高对安全住房认识的参与式方法）会确定适用于社区可选的配置和技术。

改善现住房

对于大多数社区而言，提高住房安全性取决于改善现有住房条件。下面提供的简单改进措施的示例，可用于改善现有住房，以增强其安全性能，这些措施既可以作为特定措施，也可以在大修或装修时实施。例如，在砖混房屋中更换屋顶，可在更换新屋顶之前添加环形梁，确保新屋顶很好地固定在环形梁上。

维护、修理和装修的重要性

所有建筑物都会随着使用而逐渐老化，必须定期检查并及时维修，以确保其安全。应当充分考虑定期检查并维护，以提高安全性而不是降低安全性。

8.3.2 设计注意事项

评估过程提供了所需的信息，以便可以考虑各种类型。同时应考虑一些关键因素，例如群体数量需求、风险、环境、经济结构、迁入的受影响人员与当地人员之间的关系、安全性关注和季节性气候等。如果可以恢复和修复现有结构，则选择相应可回收利用的材料。如果不能，可以从基础评估中列出开发所需材料清单。如果需要建造新的场所，建议针对不同生产模式和养殖规模制定一个基本的施工方案。理想情况下，新的场所应与当地常用的安置场所相类似，这样不需要改变饲养模式，也不会引起社区中非受益者的非议。

涉及本地动物安置场所的规划和设计，社区参与至关重要。家畜安置场所的建造方案包括采购材料的类型和数量。理想情况下，方案应尽可能多使用本地建筑材料以降低成本，当地社区也熟悉这种模式，与此同时，采购本地材料可以拉动本地经济增长。

安置和管理动物类型包括：

• 临时安置场所，在宿营地或居住地内或是周边，没有大量土地饲养动物；
• 畜群，在营地之外，可以放牧和喂水；
• 自由放养的家畜，可在有围墙场地附近自由游走；
• 安置场所，涉及为家畜安置场所提供更广泛的环境，尤其是动物群被迫离开，只是简单地启用以前的设施方案不可取时。

资料来源：《家畜突发事件应急指南和标准》，2015。

8.4 实施计划

8.4.1 协调

在完成和验证基本信息之后，至关重要的是与目标区域中的其他活动组织者和利益相关者一起合作，并通过建立协调机构以确保最优化利用资源和专业知识。该机构的成员应包括国家和地方政府、应急和发展机构（国内和国际）、技术专家、资助者以及受影响社区的代表。在这个机构内，一个工作组可以专注于土地问题和土地使用、规划和使用权。根据不同的突发事件，决定谁来牵头——可能是国家政府，但在某些情况下，政府人员和服务不能完成这项工作，无法应对大规模的突发情况。

协调机构需要建立健全的协商机制，以确保本地人员和流离失所群体有计划开展相关活动，并且需要不断更新监控、评估系统，修改、评估策略规划。

用于家畜安置的《家畜突发事件应急指南和标准》中的决策树形图（第2版—图8.1）是一种有价值的工具，可用于制定安置场所的适当干预措施。

（1）联合国集群措施

第2章提到的联合国集群措施是协调应急响应的若干措施之一。直接支持住房、安置场所和重建活动的措施包括：

- 一系列突发事件或全球避难所措施；
- 一系列早期恢复措施（ERC）；
- 一系列宿营地协调和管理（CCCM）措施；

其他住房安置和重建支援措施包括：

- 一系列饮水清洁卫生（WASH）措施；
- 一系列后勤保障措施；
- 一系列防护措施。

（2）技术注意事项

协调机构内的技术专家处理安置场所安全方面问题：

- 整个安置场所的位置和布局；
- 各个场所的位置和方向；
- 场所设计（大小、高度、形状等）；
- 选择建筑材料；
- 建筑质量，以及材料组装方式。

此外，技术专家必须足够了解和尊重传统的土地使用体系，如果过渡期安置场所选址不当，可导致由于收集薪材和建筑材料而造成植被受损。如果灾民或救援营地的家畜随意放牧，可能会破坏传统的资源利用和管理体系，并对重要的季节性牧场产生影响。这对收容灾民和无家可归的社区会造成灾难性影响，并影响到社区人员的生计，造成彼此之间的对抗和敌视情绪。

8.4.2 磋商机制

遵循人道主义应援的最低标准，《家畜突发事件应急指南和标准》明确了土地权，包括土地所有权和使用权的重要性。建立适当的磋商机制，确定谁拥有使用权，谁拥有所有权，以及用于临时安置场所带来的影响。

在整个项目周期中，从计划到评估，与本地社区和所有利益相关者进行协商，都有助于判断接纳受灾影响家庭的可行性。他们应考虑到种族和宗教的相容性、社区居民生计和涉及家庭的总数，而不是对收容的态度，这在受灾害影响者进入社区前后会有很大不同。

协商有助于最大程度地进行协调与合作，并尽可能地减少当地居民与受灾害影响者之间的潜在纠纷。磋商应包括当地行政机构和相关社区代表的会谈，为支持收容和被收容的群体提供并行的备选方案，为本地接受收容的家庭带来长期利益，同时不要提高任何群体的期望。

土地权或放牧权的磋商、环境管理可以帮助减轻受灾害影响者、重新安置人员及其所在社区之间的紧张关系。尽管在灾后数小时内政府快速启动应急策略，但初始涉及的土地问题至少需要数周时间来解决。

过渡性安置场所和配套基础设施应该覆盖更广泛的干预措施，家畜养殖社区的安置场所受到严重破坏，或社区迁到其他地方时，这些干预措施是有意义的。从事基础设施相关工作很可能与畜牧业无关，例如供水重建、动物诊疗和商业基础设施（例如交易市场、动物诊所和屠宰场）。商业基础设施的建设和重建可能由私人服务供应商提供，而不是政府或外部机构的责任，但也应在磋商机制中予以考虑。

8.4.3　家畜安置场所干预措施的主要建议

这些包括：

- 规划可供养殖的区域，使家畜能够圈养，并能与生活区保持一定距离；
- 如果需要耗费大量的建筑材料，则没有必要为每个家庭饲养的家畜提供单独的围栏；
- 为家畜提供的水源，确保远离人类生活区的水源；
- 确保屠宰设施卫生，易于清洁，设有沉淀池，以及处理废物的设备；
- 选择本地供应商提供所需材料，应考虑第 2 章列出的合同计划中所需的相关信息；
- 建立家畜安置场所安全质量控制机制。只要当地条件允许，所提供的材料应符合国家或 ISO 标准。明确规定每种材料的确切规格（重量、长度、厚度以及 ISO 标准等）。

当承包商参与家畜安置场所的维修、建造或重建时，应充分考虑质量控制的几种情况：

- 人类安置计划中的废弃材料用于修建家畜安置场所；
- 养殖者直接收到用于修建安置场所的材料；
- 养殖者得到最佳使用材料的培训；
- 养殖者收到用于家畜安置场所的扶持资金或代金券。

同样重要的是：

- 通过对利益相关者的分析评估，要重视土地使用权和相关权利问题。有必要成立委员会或临时工作组，帮助制定和实施一系列规则，来指导社区的家畜养殖活动。对于流离失所人员及其家畜，要确保他们新的安置场所不会与当地居民形成紧张关系，同时要确保他们带来的家畜不会争夺当地有限的饲料资源，这一点尤其重要。在此期间，流离失所者可能被当地社区视为额外负担，特别是当地居民难以自给自足时，这就需要有效的矛盾处理方案来应对这一问题。
- 要考虑将家畜供给（第 9 章）与提供家畜长久安置场所干预措施结合起来。在某些情况下，建造安置所场时有必要向受益人提供援助，特别是当他们饲养家畜但饲养经验不足时，例如没有家畜的单身母亲，或在裁军、退役、复员后重返社会的士兵[①]，给他们提供家畜，可以帮助他们重返家园后维持生计。

- 考虑代金券和以工代赈的干预措施：
  — 必要时，建立现金调拨援助制度，尤其是在处理与安置场所和基础设施有关的修建工作时。
  — 使用以工代赈计划，建立公共动物安置场所或公共基础设施。其他方案，例如通过无条件或有条件的现金补助或代金券，分配给受益人允许他们建造安置场所。有关现金转账的更多相关信息，请参阅第 3 章。
  — 使用代金券时，在代金券上明确表明使用的每种材料的具体规格（重量、长度、厚度及 ISO 标准等）。尽可能使用质量过关的材料，最便捷的方法是尽最大可能使用当地可用的材料。

8.4.4 安置场所干预措施的潜在影响

在无家可归者将家畜带入新的地区时，会产生负面影响，这些影响视当地情况会有很大差异，影响主要涉及当地的生态环境、社会系统和现有的饲养方式。一些可能的负面影响包括：

- 动物数量的增加会损害牧场和农作物，并可能导致严重的土壤退化。如果管理不善，畜群因进食和践踏农作物会破坏未受保护的田地，也可能因过度放牧破坏植被，尤其是在水源附近。
- 家畜养殖者也可能会砍伐灌木和树木，为畜群搭建临时的夜间围栏，也可能会从树上摘取叶子作为动物饲料，以上两种行为均可破坏当地的森林系统。
- 如果对树木不加保护，家畜尤其是山羊会吃掉幼苗和小树。一旦生长的枝条被啃噬，幼苗很难生长。
- 传统社会制定了特定的规则来规范家畜和野生动物的共生问题。在临时安置场所，增加家畜生产可能会对当地动植物群落产生不利影响，特别是由于家畜数量的增加，会加快对植被和水资源的侵占。
- 在临时安置场所，水资源通常是有限的。如果没有及时采取严格的控制，大量动物群会导致水的消耗和污染。

8.5 有关监控、评价和及影响评估说明

必须将干预措施的监控和评价纳入计划和准备阶段，以便快速响应无法预

---

① 裁员、退役、复员后重返社会（DDR）已成为武装冲突后和平过渡的一部分，在过去 20 年中，对维持和平意义重大。

料的问题或变化情况，并进行适当的最终评估和评判。

定期监控和评价对于场所安置计划的成功至关重要，应该贯穿整个计划。尤其应该密切监控对临时安置所的支持程度，临时安置所是否具备满足安置动物的功能，当地社区是否能够接受临时安置场所。对于此类监控，实施计划人员和受益人之间必须定期沟通。

参与家畜安置计划的所有利益相关者，需要确保以公开、定期和及时的方式共享收集到的信息，以便做出正确的决定，采取及时的行动。至于其他干预措施，例如饲料、水、兽医支持，应侧重于监控以下方面：

- **与动物有关的指标**，根据情况而异，包括身体状况评分、体重（使用腹带随时记录变化）和存活率的信息。还可以监控其他指标，例如产奶量、产蛋量、流产率、分娩率及仔畜存活率。
- **过程指标**，可包括安置材料分配的数量和类型、分配对象、分配时间、材料的成本及其用途（临时或长期使用的安置场所）。如上所述，应充分考虑家畜安置的不同层面，从而进行质量控制，只要条件允许，当地供应的材料应符合国家或 ISO 标准。
- **财务指标**，通过了解重新安置或已安置的家畜对各家各户的贡献，提供一些社会经济信息，例如牛奶、鸡蛋、产仔、运输等。

对安置场所和永久性基础设施有关干预措施的评估，不仅应计入重建的安置场所或已投入的成本，而且应考虑对人们生活的影响。从为未来应急响应提供经验教训的角度而言，对影响的评估和安置计划结束后的总结很重要，这些信息可以作为类似突发事件成功干预的示例。

对动物福利和生产力的影响应始终作为影响评估的一部分。基于动物参数，例如由于极端天气导致的损失、捕食或偷盗行为、产量增加等，不易详细评估；但是，受益人对这些问题的总体印象和反馈，应该能很好地表明（定性数据）与安置场所有关所产生的影响。第 10 章提供了有关监控、评价和影响评估方法的更详细的信息。

8.6 检查清单

家畜安置是一个过程，而不仅仅是结果。在灾害中满足家畜安置场所的需求，是向受影响家庭提供安置的过程。在计划的所有阶段都必须考虑影响家畜安置的因素。

8.6.1 安置场所干预措施注意事项

- 家畜饲养者是否已从原定居点迁出？
- 安置的场地是否有充足的牧草和水资源？
- 是否存在土壤退化和污染的风险？

- 安置场所距经济和服务中心的距离是多少？
- 是否考虑不同时间安置场所应有所不同？
- 安置所应该是临时的还是长期的？
- 原住民和新来者是否可能发生潜在的冲突？
- 如何解决有关偷盗、捕食等安全问题？
- 安置场所是否容易遭受洪水、大风或地震活动的危害？
- 当地生态环境是否特别优越或脆弱？
- 当地常住人口增加对农业和畜牧业可能产生什么影响？
- 是否有足够的空间用于满足居民期望住宅密度？
- 家畜安置场所应设置在靠近或远离人类居住地吗？
- 人们及其家畜是否需要搬到新的地方，还是在原址进行重建？

8.6.2 计划和准备

- 所有参与者是否都了解移民安置的利弊？
- 使用哪种协调机制，谁将担任牵头机构，政府的角色将是什么等？
- 如果要使用集群措施，哪种措施优先用于过渡安置和基础设施建设？
- 建造安置场所是否需要专业知识？
- 专家和商业公司是否需要专注于工程？
- 是否考虑到人们维护、开发和改善家畜安置场所的能力？
- 有哪些安全风险？
- 新的安置场所距离边界或其他潜在的危险点有多近？
- 无家可归者是否同意选定的新址？
- 谁将负责安置场所的管理和维护？
- 在特定地区是否存在与家畜有关的宗教或文化禁忌？
- 如果家畜饲养条件良好，是否能提供更多生产和就业机会？
- 是否正确评估由于动物数量增加而引起的潜在负面影响？
- 过渡安置场所中水资源通常是有限的，动物过多可能会造成这些资源的消耗和污染。

8.6.3 实施

- 是否有外部技术专家或机构？
- 他们对社区的了解及其传统建筑技术是否相关？
- 计划的家畜安置场所措施是否成本过高且难以实施？
- 在不破坏环境的情况下，哪些建筑材料可用且价格可承受？
- 如果安置场所没有建筑材料，是否需要将建筑材料运到安置场所？
- 有未来扩展的空间吗？
- 新安置场所是否与原有安置场所足够接近，以便人们能够维持现有的生活模式？

- 当地典型的家畜安置场所是什么样，需要哪些建筑材料？
- 是否可以确定样板房，包括所需的建筑材料？
- 谁起草工作所需内容的标书，以及标准是什么？
- 在收集当地承包商的相关信息后，谁负责起草有资质承包商的清单？
- 招标时，谁召集委员会成员和代表（应公开还是由选举代表进行招标）？
- 谁负责与承包商谈判合同，审查工程量清单、计划和执行文件？如果重建活动由居民来管理，它需要特别注意当地的社会和经济结构。
- 如果居民正在管理重建工作，那么机构或专家如何建立临时委员会，以便明晰土地使用权问题？
- 无家可归者是否具备建造家畜安置场所的必要技能，是否还需要培训？
- 国家和地方当局应全程参与从计划到实施的过程，包括监控和评估。这样可以评估对当地社区的影响，并有助于预判潜在的冲突。
- 当地社区和目标群体如何参与规划、决策、实施、监控和评估？
- 建立了哪些监控评估系统，谁来管理监控评估系统？
- 是否起草了相关指标（与动物有关的指标、过程和财务指标）并在监控组里共享？
- 是否进行最终评估，如何分享经验教训？

9 家畜供给

9.1 原理

对于世界上很多脆弱的农村家庭来说，家畜可能是他们为数不多甚至唯一的财产[1]。受灾害影响的家庭经常会失去部分或全部家畜，这可能严重威胁到他们的生计和粮食安全。当粮食储备少，外部供应还未到达受影响社区时，在快速发生的突发事件中存活下来的少量家畜，通常在灾害后立即被宰杀或出售。

家畜的这些损失都会导致家庭资产、收入和粮食的耗尽，这反过来会导致穷困，在某些情况下甚至是赤贫。受影响者的应对策略包括搬到城市中心寻找粮食和收入，依靠粮食援助等救济方案，以及依靠亲戚和朋友。极端天气条件的反复出现，如干旱、洪水或极寒，可能使家庭财产受损，增加困难。

家畜供给涵盖了许多情景，可以向受灾害家庭提供部分家畜以弥补在灾害中受损的家畜，目的就是帮助他们恢复失去的财产，或建立家畜财产作为保障其家庭生计的一种手段。这些方案通常在灾难的恢复期实施，并可能在较早的干预措施之后执行，如清群、动物保健或补饲。

对于那些几乎完全依靠家畜维持生计的牧民来说，提供家畜可以使他们重建一个赖以生存的牧群，恢复以前的生活方式。牧区家庭已经习惯了家畜数量的变化，自己或在社区的支持下扩群是他们生活的一部分，这通常就是传统意义上扩群。但是，有迹象表明，由于干旱、洪水和冲突造成家畜损失增加，传统机制无法满足越来越多受影响家庭的需要，可能面临压力乃至崩溃。

向小农户或流离失所的家庭提供家畜，无论是首次提供还是作为替代物，他们可以将家畜作为收入、食物或运输工具，从而可以从多个方面支持他们的生计。

9.1.1 提供家畜的优点和缺点

家畜供给通常是一项复杂的活动，在开始实施前应全方位考虑，下面分析了该方案的主要益处和可行性。

---

① 见《家畜突发事件应急指南和标准》（LEGS）第 9 章。

（1）优点

补充家畜的优点取决于受影响家庭的情况和生活方式、灾害类型和目标。家畜供给通常是在恢复期和发展期最有效，而不是在突发事件后立即提供帮助，优点包括：

- 直接益处
  — 增加动物产品的供给；
  — 通过出售动物或动物产品得到现金收入；
  — 重新恢复家庭财产；
  — 当提供少量家禽、绵羊、山羊或驴时，妇女、儿童和弱势群体（残疾人、老年人、HIV 阳性者等）可直接受益；
  — 提供役畜和驮畜时，节省劳力并易于种庄稼（犁地、取水、木材运输）；
  — 通过出租役畜和驮畜获取收入；
  — 当地买卖家畜可刺激地方经济；
  — 激励人们重返生产活动，并给予（包括儿童）幸福感。
- 间接益处
  — 通过提高人们的社会地位，可以帮助人们重新进入社交网络。
  — 一旦家庭成为社会结构的一部分，他们可能会从亲戚那里得到更多的帮助。
  — 鼓励家庭从城市中心或救援营地迁回，减轻对当地服务和资源的压力。

（2）缺点

但是，对于重新提供家畜的机制，也存在一些隐患。

包括：

- 方案的实施很复杂，且昂贵耗时。
- 其他干预措施，如现金分配，可能更容易、更便宜且更灵活。
- 当实际中可能需要提供培训和进一步投入（粮食援助、设备）时，不能将方案作为短期的独立干预措施进行。
- 若想措施有效，需要很好地了解目标地区、社区和人们的生活方式。
- 经常会出现这样的问题：动物作为借贷还是直接赠予。
- 受益人的选择也令人担忧：是否公平，饲养、照料和管理家畜的技能。
- 对需要以其他方式资助的最贫困家庭来说，提供家畜可能不合适。
- 监控、评价和影响评估要求通常超过方案实施周期，尤其是对移动群体来说，则挑战较大。
- 方案有引入不适当动物种类的风险。

- 缺乏动物保健服务、市场、饲料、水和场所会使动物成为负担而不是利益。
- 当动物被关在受限的空间（如救援营地），或被分发给没有饲养经验的家庭时，动物福利条件就会降低。
- 在人们无法进入开放牧场或无法返回家园时，就会出现局部家畜过多和自然资源退化的风险。
- 在救援营地及其周围，人和动物之间存在竞争资源，还存在卫生问题和人畜共患病的风险。
- 动物会给家庭带来压力，如劳动力成本上升、儿童无法上学，以及从事其他创收活动的时间减少。

9.2 提供家畜类型

家畜供给包括全部或部分补充在灾害中失去的家畜，在某些情况下，如果他们已经掌握了专门知识，可能会向受影响家庭提供一个新的畜种。无论如何，其目的都是为人们提供支持和维持他们生计的额外手段，以及建立安全网以抵御进一步的冲击。提供家畜一般被认为能帮助家庭恢复元气，因此吸引了资助团体和家畜饲养者的极大兴趣。然而，如何才能取得成功是很重要的。

成功的家畜分配项目通常与较长期方案或发展活动相关联，在这些活动中，家畜供给是更广泛的一揽子资助项目的一部分。这种帮助可包括提高对未来突发事件的应变能力和在此类事件期间管理家畜的水平。比如对潜在突发事件的早期预警系统、家畜市场支持、补饲、土地所有制改革、动物保健服务、农业投入和适当的政府政策等。

9.2.1 牧场主/农牧场主的家畜资产补偿

对于那些生计严重依赖家畜的社区，以及那些由于干旱、极端寒冷、其他自然灾害或冲突而失去了大部分家畜的社区，其目标是重建财产并恢复生计，并帮助人们重新开展畜牧或农牧工作。向失去大部分财产的流离失所者提供家畜，可以使他们带着可恢复生计的一些资产返回家园。对于搬到城市中心寻求食物和工作的家庭来说，如果他们愿意的话，家畜可以作为鼓励他们返回家园的生产资料，这是在假设一项方案能够提供足够家畜来维持家庭生存的前提下。

关于境内救援营地的牧场是否能维持现有人员的生计，可能存在更大的问题，更不用说更多的人了。许多畜牧业和农牧业的生存能力受到农业扩张、冲突、限制人口和牧群流动跨境问题的限制。

在实行传统扩群策略的社区，没有养殖的社区就不用考虑此方案，例如女性户主家庭、脱离社会网络的个人以及实力较弱的家族和族裔群体。

9. 2. 2 农民的家畜财产补偿

许多小农只饲养少许动物，通常是混养多种类动物，这些动物很好地融入了他们的耕作方式。虽然这些农民的收入和粮食并不完全依赖于家畜，但他们将家畜所有权视为其支持系统的一个组成部分。拥有动物可以在社会经济中发挥重要作用，并对家庭经济做出重要贡献。根据流离失所小农的需要向他们提供家畜，使他们能够恢复许多以前的生计活动，例如，役用家畜对耕种至关重要。

9. 2. 3 建立家畜资产作为一种新的生计活动

对于境内救援营地、无法获得土地或生计机会有限的贫穷家庭来说，少量的动物可提供基本的安全保障。在某些情况下，脆弱家庭可能第一次接触家畜或他们以前没有饲养过的动物品种，在这种情况下，提供家畜同时必须有一套支持方案，其中包括对受益者进行家畜管理方面的培训。

9.3 计划与准备

9. 3. 1 干预前评估

由于家畜供应通常是一项恢复活动，因此需要足够时间进行精心规划和详细评估。评估小组可以通过以下几种来源收集信息：主要文献和二手文献；观察；与地方专家、地方政府官员和社区领导人举行会议；以及小组讨论。重要的是，评估小组应与当地社区和政府代表分享其调查结果。关于恢复的具体信息可能包括：

- 地理环境——大部分动物受损的地方，受影响地区的物理通路和通信（道路、桥梁、通信设施等）；
- 受影响社区（包括弱势群体）概况、动物损失估计、畜牧部门传统扩群策略；
- 人们拥有家畜的意愿和可获得的利益；
- 统计失去动物的家庭数量，可以认为适合向这些家庭提供家畜；
- 评估受影响地区可供该计划使用的家畜数量和种类，以及家畜的潜在来源（市场、孵化场、繁育中心、商业或政府农场等）；
- 必要的地方支助服务（动物卫生、饲料和水、市场）的数量和质量，家畜供应会不会加剧现有的过度饲养和动物营养不良？
- 不同家畜种类在支持家庭生计方面的作用；
- 家庭在管理家畜方面的作用，以及管理家畜所需的时间和资源；
- 人们在畜牧生产方面的知识和技能——需要培训吗？
- 该地区的家畜疫病是否危及该方案？
- 该项目是否为更多动物产品提供了现成的市场？

- 是否存在对该地区社会文化、经济和其他现实情况了解并具有长期经验的机构，它们能否提供非家畜支持？
- 该地区的安全状况是否使家畜及其主人处于危险之中？

收集和分析基本资料后，我们可举办公众会议和社区小组会，以加深民众对具体设计问题的认识，例如：

- 确定方案的目标（结果）和优先事项；
- 选择受益人并分类，以挑选最适合他们需求的家畜；
- 不同类型饲料（饲草、精料和副产品）的可用性和成本；
- 提供公共和私营动物保健服务；
- 可供购买和分配的动物数量和状况；
- 不同种类家畜的市场价格；
- 任何所需设施的可用性，如安置场所、栅栏、处理设施。

LEGS 家畜供给决策树（LEGS 第二版，图 9.1）是一个有用工具，可在各种情况下增进关于扩群类型的交流。

了解当地扩群策略

家畜扩群饲养方案的一个重要先决条件是，全面了解当地支持贫困家庭或那些因突发情况失去动物的家庭支持机制。传统的贷款系统通常与本章描述的扩群不同。因此，当试图揭开传统支持机制时，应该了解以下问题：

- **是否存在家畜再分配的传统系统，这些系统是否活跃？** 即使由于长期的压力而处于暂停状态的系统，如长期冲突，也可重新启用。然而，在长期冲突后可将提供家畜视为一个特殊情况，许多网络和机制被侵蚀或破坏后，需要仔细考虑如何更好地支持康复和发展。
- **这些系统是如何运作的？** 社区中有哪些部门是他们无法触及的？在一些社会中，支持是以家庭、氏族或种族的方式提供的，而有些家庭则不在这个系统之内。女性户主的家庭往往没有受益，因为许多支持系统是通过有男性户主参与的机制运作的。
- **传统系统能否适应扩群项目？** 有时，一个传统的家畜分配系统具有一些特点，可以适应外部项目。例如，成立地方遴选委员会的过程、选定受益人的方法、使用贷款或赠予系统，以及社区内匹配动物的需求。

9.3.2 设计注意事项

当设计恢复方案时，要重点考虑以下方面：

- **灵活性**是必要的，以迅速应对不断变化的当地环境，并在必要时将资金转向替代活动或干预措施。季节性因素、持续干旱、饲料和动物供应变化、家畜疫病暴发和市场价格都影响到一个方案提供动物的能力和受益人接受动物的意愿。

- 当包括各国政府在内的不同机构执行扩群方案时，协调是必不可少的。特别是，应该就一套标准的条件、资格标准和任何替代要求（贷款与赠予）达成协议。

- **私营部门**是关键的参与者。重新提供动物计划的成功不可避免地取决于动物的来源和分布情况，而私营部门（商业农场、孵化场、市场贸易商等）可以在这方面发挥重要作用。不利的一面是，资助干预措施会歧视当地贸易商和服务提供者，并与他们形成竞争关系。

- **确定退出策略**。许多扩群方案弥合了应急干预和长期发展之间的鸿沟，应当考虑到该方案将如何结束其分配机制。最好是与执行家畜和非家畜方案的其他机构协商，以评估长期可行性和其他支持方案。

9.3.3 技术注意事项

（1）受益者的选择

选择受益人是扩群干预措施中最具挑战性的方面之一，应在包括目标社区在内的所有利益相关方的参与下进行。重要的是，在实际补充家畜之前，必须解决存在的问题、争议和潜在的挑战。

可能需要做出艰难的决定。饲养家畜需要一定的经济和社会保障，而往往最需要人道主义援助的脆弱家庭可能没有必备的资源、劳动力或技能来饲养新的或额外的家畜。在这种情况下，其他类型的资助可能比较合适，例如给予现金。然而，即使是最脆弱的家庭通常也能照顾几羽家禽。还有一种风险是，扩群的干预措施可能使社区中更富有、能更快恢复的家庭受益更多。

在考虑为牧民家庭重新补充家畜时，必须认识到放牧的性质正在发生变化，许多家庭正在寻找多样化的生计基础，作为获得财产和承受压力的一种方式。这意味着并不是所有家庭成员都想回到全天候的放牧生活。外部行为者和倡议者应该认可这些社区做出的选择，并支持其多样性。如果当地人和专家都认为一些家庭获取家畜的意愿在不断降低，那么外部行为者应该考虑其他方法来帮助这些社区。

在执行之前，应讨论并商定确保对男女都有好处的方案。特别重要的是，在选择受益人时应考虑到妇女（女性户主家庭和男性户主家庭）将如何受益。

扩群计划的选择准则可包括：

- 家庭内或以前拥有的动物数量和类型；

- 饲养动物的经验和技能；

- 家庭收入水平或已知的脆弱群体——家庭是否有足够的资源避免出售或消费所提供的动物；

- 家庭状况（女性户主、儿童人数等）以及性别和儿童在管理家畜方面的作用；
- 家庭的规模和构成；
- 为动物提供充足的饲料和水；
- 市场准入；
- 获得动物卫生服务；
- 其他援助方案或援助的接受者；
- 参加培训的意愿。

应对选定的受益人进行登记和身份证明，以证明他们的参与和应享权利。

接受者参与有关他们将要接收动物的种类、年龄、性别和数量的讨论是至关重要的。为小农提供动物时，可能会根据家庭生计情况对不同动物的需求有所不同。在畜群重建方面，在设计适当的畜群，特别是最小可行畜群规模方面，当地养殖者的经验和知识是非常宝贵的。在任何情况下，关于给每个家庭的动物数量和种类以及任何相关条件的决定都必须与受益人、社区和当地利益相关方分享并得到他们的理解。一旦达成一致，项目内所有社区的选择标准应该是相同的。

经验表明，有时间完成这一过程并让社区发表意见的方案更有可能获得正确的目标。当社区成为这个过程的一部分，并可以公开讨论问题时，关于偏见和不良情绪的抱怨就可以最小化。

（2）提供家畜的条件

特定条件和预期往往适用于确保接收家畜的家庭实现方案目标。对提供的条件要有明确的了解，并与当地遴选委员会、政府部门和受益人达成一致，让他们都了解任一条件下产生的可能影响。最关心的就是以何种方式提供动物（贷款或是赠予）、动物卫生责任以及分配动物及其后代出栏情况。

（3）贷款还是赠予？

支持将动物作为礼物提供的论点，强调家畜更快生长和改善受益者家庭的食品安全。一些人认为，以现金或动物偿还的贷款制度，会对该计划和未来的受益者产生更大的道德责任感，并使更多的家庭受益。例如，建立一种制度，使最初的受益者将最初动物的后代传给第二轮受益者，可以有几个好处，包括从方案一开始就加强两个受益者群体之间的社会联系，利用同伴压力确保遵守方案规则，家庭之间的合作和更多的家庭受益于方案基金。

偿还贷款既可以用现金也可以用实物。有些计划是基于5年时间内的现金回报，还有一些计划是基于在一段时间内（例如2年），一定数量的动物或以一定比例增加畜群时，将后代转给其他家庭。在选择贷款系统时，关键是要设定对受赠人及其社区公平的还款利率，并在还款困难或情况发生变化时允许有一定的灵活性。还款时间通常会超过计划期限，在设计阶段应考虑到这一点，以确保有机制监督和管理计划。然而，在某些情况下，例如地震造成的应急情况，贷款系统并不合适。

表 15 通过赠与或借贷提供家畜的优点与缺点

赠与	贷款
优点	优点
• 帮助贫困家庭 • 家畜将成为直接资产 • 家庭能够获得产品的全部收益 • 简单、便宜的管理程序	• 培养社会责任感，同时其他家庭可以从资金中受益 • 灵活，可以是现金或实物交割 • 可以加强社区联系并协助解决冲突 • 在还清贷款之前，人们无需将家畜送给其他家庭成员，组织活动或参与当地的筹款活动 • 可以增加最终受益人的数量 • 循环基金机制可以维持较长的时间
缺点	缺点
• 赠与会使受赠人产生依赖，例如遭受周期性干旱的地区 • 赠与可能使家畜被认为是没有价值的或机体瘦弱的 • 潜在弱化了所有权 • 与贷款系统相比，由于资金无法重复使用，受益的家庭可能会更少	• 当家庭不得不通过出售家畜以偿还贷款时，便会破坏项目设立之初的目标 • 将家畜移交给新的受益者可能会引起争议 • 迁移的群体可能难以监控还款情况 • 对于项目而言，防止人们拖欠还款既费时又费力

无论采用哪种方法，从一开始就必须明确谁拥有这些家畜（方案、社区或受益人），这样，如果将后代转与他人，它们就成为新的接受者的财产，而不能被原来的所有人收回。

在以贷款为基础的制度下，必须清楚解释所有权：通常是受益方才是动物的合法所有者，而不是出借人。这与一些传统的贷款制度不同，在传统的贷款制度中，动物仍然是出借人的财产，出借人在许多年内保留收回动物的权利。

（4）对动物使用的管制

应该限制受益人出售或赠送他们的一些动物作为礼物，还是应该完全控制他们的动物？限制受益人使用动物可以加快畜群的增长；在只饲养少量动物的地方，会更快地改善家庭获得收入和食物的机会。如果没有限制，家庭可能会受益于社会网络，通过传统赠与方式（如结婚），以及为重要活动或重要客人宰杀动物来维持氏族或家庭关系，这些做法和社会关系在困难时期就为他们提供了一个安全网，在社区内给予人们认可和地位，并加强了帮助不太富裕家庭的传统系统。当决定是否允许出售时，根据家庭经济需要，例如必须支付学费或医疗费用，也应该考虑在内。还应考虑设置限制的可行性，特别是在监控和执行困难的迁移群体中。

在一些家禽分配方案中，向受益人提供公鸡和母鸡。如果有必要，可以出售这些公鸡换取现金，作为礼物交换用于重要议事活动，或用于家庭消费。这减轻了出售或利用母鸡的压力，可以将它们饲养为产蛋鸡。

（5）死亡和损失

家畜分发之后，不可避免地会有一些死亡和损失。如何处理这些问题必须事先达成协议，并向所有相关方，特别是受益人说明。

动物的死亡可能不是由于受益人的过失或疏忽造成的。同样，即使受益人采取了一切可行的预防措施，也可能会发生偷盗事情。大多数项目都会有一个补偿政策，在约定的时间内（通常是1～3个月）补偿损失（死亡或被盗）的动物，除非有明显的疏忽情况。如果动物是贷款（现金或实物偿还），那么更重要的是明确受益人的责任，地方委员会将始终扮演重要的裁决角色。

（6）何种类的动物？

一揽子计划的类型部分取决于目标、可用资金、社区的建议和家畜的供应情况。家畜供应可能有一系列的目标，这可以通过分配不同种类动物来实现。例如，家禽是劳动力有限的女性户主家庭的良好选择，因为家禽只需要简单的饲养，而且繁殖周期短。绵羊和山羊可能更适合那些有一些劳动力和放牧能力的家庭。对于那些无法获得耕地的家庭来说，一头驴可以为他们的收入做出重大贡献。

在干旱地区，通常为家庭提供绵羊和山羊，虽然山羊经常是首选，因为与绵羊相比，它们耐寒、吃草习惯佳和产奶能力强。通常向搬迁或失去所有财产的家庭提供家禽，还包括最初供应的饲料和禽舍材料（屋顶板、网等）。

成本和覆盖范围是重要因素。在资金有限的情况下，提供相对昂贵的牛或水牛比提供便宜的绵羊、山羊或家禽更能使家庭受益。

（7）什么品种的动物？

品种的选择取决于引入它们的生产体系。当然，以前成功引进的地方品种应该是首选，它们将更好地适应当地条件、传统管理做法和饲料供应，而且可能对当地疫病更有抵抗力。它们也将是受益人熟悉的品种。应谨慎引进外来品种或从不同地区引进相似的本地品种，有许多负面引进不当的经验，包括由死亡率高和生产性能差造成的损失。因此，应急期间，很少引进新的或外来品种。

一些利益相关者可能会争论用更现代的系统取代传统系统的好处，而且可能会有来自政府技术人员和政治家的压力，要求引进"改良"品种来提升当地的家畜，特别是家禽和奶牛。应当谨慎考虑这些要求——饲养外来品种有许多挑战，应让家畜所有者意识到这些问题。挑战包括饲料和水需求增加，提高对当地疫病流行的可能性，对极端温度的耐受性降低，以及劳动力需求增加。虽然有证据表明"杂交品种"可以提高产奶量和肉品产出量，但生产力提高都依赖于投入的相应增加，如饲料、饲养管理和动物卫生保健等。

家禽的情况更为复杂。购买和再分配本地鸡的物流，无论规模多大，都是令人担心的。易于在商品市场（国内或国际）获得1日龄雏鸡或适龄蛋鸡，然而，也有少数例外，这些将是专门为产蛋或肉类生产而饲养的商业杂交家禽，在商业条件下生产和管理时，具有快速生长和高产蛋率的特点。这意味着受灾害或突发事件影响的家庭很少有高质量的生活水平、平衡膳食、可控的环境和良好的管理。还有所谓的"两用途"品种，如洛岛红鸡和澳洲黑鸡，已将它们引入到乡村地区，这些品种既健壮，又能生产合理数量的鸡蛋，还能生产出多肉的禽体，但要找到能够供应它们的种场就显得很难了。

（8）多大日龄的动物？

- 理想的大型反刍母畜应是尚未产仔或产下一只幼仔的育龄母畜，这样在任何情况下，动物都可以备孕。按照年龄来说，一个人在本地可以照料2～4岁的牛（露出8颗恒齿中的4～6颗）。
- 理想的绵羊和山羊应该在12～24个月大（露出8颗恒齿中的4颗），并且有过一次分娩以表明有生育能力。
- 驴或骡至少要有3岁大，因为如果让它们过早工作，它们就会患上慢性肌肉骨骼病。
- 通常分配开产鸡，也就是大约21周龄的鸡，这就必须有人把鸡养到开产。通常不建议分配1日龄雏鸡（DOCs），因为受益者不太可能拥有必要的孵化设施。在某些情况下，可能会分配4～6周龄家禽——此阶段它们相当健壮，并且已经接种了疫苗。

（9）公母畜如何分配？

这将取决于目标是提供足够规模的畜群，以完全支持家庭生计（畜群重建），还是仅帮助家庭部分支持他们生计的动物。需要确定的问题就是可用资金和分配给每户的资金数量，也提出了合适的畜禽群规模大小的问题。重要的是与社区讨论如何分配，以确保选择正确的动物种类、品种、年龄、公母比例和动物数量。

影响可行畜群规模的因素有：家庭规模、对活畜的依赖程度、其他动物的所有权、饲料和水的可用性、潜在畜群增长率和极端天气发生的可能性。男性、女性和儿童的文化水平也可能影响整套措施，因为各社区和国家的管理作用和家畜处理经验各不相同。例如，当女性作为受益者时，她们可能在使用驴作为驮畜方面很有经验，但却没有管理骆驼的经验。

大型反刍动物和马科动物因成本高，很少能提供超过一到两只动物的情况。在干旱或半干旱地区的放牧系统中，一群绵羊和山羊可以由 20～40 只组成，如果提供畜群重建，尽管在混杂农业系统中 5～10 只动物较为常见。家禽通常包括 6～12 羽母鸡或小鸡（即将下蛋的青年母鸡）和一羽公鸡。有时提供小鸡（1 月龄），既有母鸡也有公鸡——公鸡通常被食用或出售。

对于绵羊和山羊，通常是每 15～20 只繁殖母羊配给一只公羊。分发公牛或种马是很少的，尽管可以考虑提供一头公畜，让一些受益人共享。对于家禽，一羽公鸡配大约 20 羽母鸡就足够了。越来越多的鸡来自商业化的杂交鸡群，这些鸡产蛋期结束时，会引进新的杂交鸡，但这种鸡不能在农场里繁育。

（10）提供家畜的时机

家畜分配的时机必须考虑到当地人口从紧急情况中恢复所需的时间。这可确保人们能够照顾家畜，既不会整天忙于生存，也不会因灾难带来太多的创伤而失去兴趣。在农牧区和牧区，家畜供应往往是应急中、后期采取的干预措施，并从长期重建畜群的角度以重新恢复财产。

一旦决定提供家畜，下一步就是确定购买家畜的最适季节，以使它们处于较好状态，能够获得足够的饲料和水，也应该考虑受益者没有忙于其他活动，例如收获时节。季节性家畜疫病是需要考虑的一个重要因素。应结合目标社区，利用当地季节性作物和动物生产时令，对提供家畜的时机作出合理安排。

（11）干预规模

规模取决于其目的、受灾程度、可用资金、一揽子计划的规模和类型、社区捐款和执行机构的能力。如果小农是目标群体，资金可能足以使更多的受益人受益，因为每个家庭只得到少量家畜。但是，执行机构必须评估其自身实施方案的能力，包括后续资助和监控，这可能是一个受限因素。

（12）家畜来源

一般来说，最好在当地购买动物，以确保它们：

- 适应当地条件和畜牧业实践；
- 刺激当地家畜市场；
- 向当地经济注入资金；
- 避免传入疫病；
- 允许重新分配该区域内的动物，而不是增加群体数量，如果数量过多，获取可用饲料资源就是问题。

在当地购买也更容易评估质量。它简化了必要的检疫程序，因为受益人可以在健康检查和治疗后接收他们的动物，这样还可以监督动物福利标准。

在购买当地动物之前，它们必须评估大量资金注入对当地市场家畜和其他商品价格可能产生的影响，以及对更广泛社区产生的可能影响。当一个外部机构购买家畜时，卖家畜的主人和商人可能会抬高家畜的价格，从而提高所购买家畜价格。这反过来可能导致其他商品价格上涨，而较贫穷的家庭可能会受到影响。

如果需要大量的动物，购买可能需要一段时间，并来自更广大的下游区域。可以选择不同的受益群体在不同的时间接收动物，而缓慢采购也可以缓解采购物流的压力。或者，也可以利用家畜集市，当地的养殖者和交易商在特定日期将家畜带到一个中心，专门让受益人或项目执行者收费选择和购买他们需要的家畜。受益人通常会得到与总价值相等的代金券，并用这些代金券购买他们的动物；然后卖方从项目执行机构赎回现金。由于卖方知道有外部机构在购买，因此价格可能会更高，但受益者拥有从大量动物中进行选择的优势。应有一名兽医在场，以确保动物满足预期目的，并有项目工作人员在场，以确保观察到所有情况，关于家畜集市和现金转移支付的详细资料见第 3 章。

一些组织的采购程序可能不适合购买小批量动物，特别是在竞争性招标时。在这种情况下，执行机构可诉诸利用交易商而不是受益人来采购所需数量的动物。如果家禽作为补充畜禽的一部分，则必须与孵化场或养殖场签订合同，以供应足够数量的家禽。在这两种情况下，各方都应签署一份合同，说明所需动物的价格范围、品种、年龄、性别、数量以及所需的卫生条件和身体状况，必须包括一条拒绝不符合标准动物的解释条款，还应该考虑到动物福利可能会对交易运输时间的要求。

谁会购买这些家畜？问题很复杂，例如，受益人会得到购买这些动物的资金；卖方是否可以向机构或评选委员会兑换代金券；委员会或项目会购买动物，还是会将这些组合在一起。表 16 说明了不同购买机制的主要优点和缺点。

表 16　不同家畜购买机制的优点与缺点

谁会购买这些家畜？	优点	缺点
受益人：在当地市场或家畜集市上，受益人以现金或代金券购买	• 受益人选择自己的家畜更容易感到满意 • 具有竞争力的价格 • 代金券确保资金花在家畜上 • 降低后勤保障及其他成本	• 现金可能不会花在购买家畜上，而是被用于其他需求 • 难以确保所有家畜都接种疫苗、进行了寄生虫治疗并做了标记 • 购买期间难以监控家畜福利水平

（续）

谁会购买这些家畜？	优点	缺点
受益人和当地社区：在当地市场或家畜集市上，由受益人选择家畜并由社区付款	• 确保所有资金花在家畜上 • 受益人可以选择自己的家畜 • 降低后勤保障及其他成本 • 社区会通过谈判达成公平价格 • 在购买过程中可以监控动物福利水平	• 需要监督购买流程，以确保所有受益人都得到商定的权益 • 社区必须清晰地对支出进行记录 • 难以确保所有家畜都接种疫苗、进行了寄生虫治疗并进行了标记
受益人和项目组：在当地市场或家畜集市上，由受益人选择并由项目资金付款	• 确保所有资金花在家畜上 • 受益人可以选择自己的家畜 • 在购买过程中可以监控动物福利水平 • 降低后勤保障及其他成本；无需饲养场所 • 项目可以确保对所有家畜进行疫苗接种，确保家畜能够接受寄生虫治疗并进行标记	• 一旦卖方得知项目已经付款完成，家畜的售卖价格将存在上涨的风险
项目组：在当地市场或家畜集市上，由项目资金购买	• 确保所有资金花在家畜上 • 在饲养场所中更好地对家畜的疾病进行监控 • 确保对所有家畜进行疫苗接种，确保家畜能够接受寄生虫治疗并进行标记 • 在购买过程中可以监控动物福利水平	• 一旦卖方得知项目已经付款完成，家畜的售卖价格将存在上涨的风险 • 受益人不能自由地选择自己的家畜（但可以从项目提供的家畜中进行选择） • 如果购买者没有家畜购买经验，则存在购买到机体瘦弱家畜的风险，此时受益人可能会拒绝接收 • 需要在家畜分发前为家畜准备饲养场地、饲料和水 • 在饲养场地中存在疾病传播的风险
以合同方式通过贸易商进行的项目	• 可以快速购买大量家畜 • 允许谈判和协商价格 • 受益人可能对新地区的品种感兴趣（例如家畜更加抗旱） • 在饲养场所中更好地对家畜的疫病进行监控 • 确保对所有家畜进行疫苗接种，确保家畜能够接受寄生虫治疗并进行标记	• 存在机体瘦弱家畜的风险 • 交易者可能会通过购买便宜的家畜谋求更多的利润 • 在饲养和运输过程中无法确保家畜福利水平 • 需要为大量的外来家畜提供饲养场地、饲料和水 • 在饲养场地中存在疫病传播的风险 • 存在引入新疫病的风险

（13）动物福利

大多数干预措施，如清群、提供饲料和水，可以视为"有利于福利"。然而，在扩群项目中，购买期间和长期内，动物福利是需要在计划中考虑的一个因素。分配动物的福利必须是优先考虑的问题，并且应该建立一个最低的福利标准，因此，受益人需要有积极性、技能、时间和资源来妥善管理他们所得到的家畜。实际上推迟购买动物也是出于福利考虑，因为如果在当地购买，会使幸存的家畜有更多的时间恢复身体状况。

（14）动物卫生保健和质量控制

无论动物是在当地购买还是由交易商购买，都需要进行健康和身体状况检查。这通常是由当地兽医部门完成的，该部门应具有诊断该地区主要疫病的必要技术经验，并帮助决定接种何种疫苗。上市动物健康检查和许多疫苗接种计划通常是法定的要求，所以计划应该努力支持适当的体系。这确保了政府对项目的支持，并有助于建立良好的合作关系，使兽医工作人员能够对其专业领域负责。有些项目可能没有专门的动物保健人员，因此完全依赖政府的兽医。如果没有当地的兽医部门，或者没有工作人员，项目应该聘请私人兽医和兽医辅助专业人员（如CAHWs）。

如果动物是从灾区外或已知有疫病风险的地区引进来的，必须进行检疫隔离。应从当地兽医部门获得以下意见：

- 检疫隔离；
- 持续时间；
- 检疫地点和相关说明；
- 检疫条件（准入、接触其他动物等）；
- 标准治疗（疫苗接种、驱虫药、体外寄生虫控制）；
- 必要时提供预防措施；
- 检查程序。

在检疫隔离期间由谁负责照看动物（照看内容包括饲料、水、安保等）以及由谁支付兽医费用，都需要明确。同样重要的是，在隔离期间，同时需要明确拒绝接受或死亡动物的责任。如果动物是由交易商购买，通常情况下，交易商要对动物负全部责任，直到计划完成。然而，必须考虑动物福利标准，因此，该方案协助建立适当的检疫设施，并确保饲料、水和适当的处置是可行的。染疫动物应由当地兽医部门处理。这个项目应该认真考虑拒绝接受发病动物且不治疗它们对伦理和动物福利的影响。

当来自不同地区的动物放在一起时，处理、运输和与其他动物混在一起的压力会导致严重的卫生问题，甚至引起死亡。除了在检疫隔离期间进行密切监视外，可能还需要开展预防计划（寄生虫控制和疫苗接种）。必须确保人和动物有分开的水源，有适当的处理粪便和尸体的系统，有地方饲养动物，以避免动物共享人类生活空间，从而解决人畜共患病的潜在风险。过多的动物和人类生活在同地，要重视公共卫生和动物福利问题。

（15）暂存场所

如果在分配前购买大量动物（或检疫隔离），将需要有暂存隔离场所。当一个组织购买动物时，它可能会购买到所需数量时暂存；或者以小群购买动物，并在购买后立即分发。如果交易商获得这些动物，在等待分配期间必须明确谁负责管理这些动物。

如果需要暂存设施，将需要支付建造安全围栏，并提供食物、水和住所的额外费用。尽管留置地可以作为检疫隔离区，并有助于发现潜伏期疫病的动物，但增加了被偷盗和传播疫病的风险。它们还使受益人能够从更大的群体中选择他们的动物。

在从几个当地市场购买时，在每个地区安排较小的暂存场所，放满动物后分发给受益人，这也许是可行的。这就避免了将大量动物聚集在一起以及来自不同市场的动物混合在一起，从而减少了疫病和压力的风险。如同检疫一样，有必要提供一些预防措施，并且需要工人在白天照顾动物，在晚上看守它们。当一个暂存场所放置了几群动物时，必须采取卫生防疫措施，不同群动物进入前必须彻底清洁此场所。

9.3.4 支持服务

扩群方案取决于是否有当地的配套服务，如兽医、社区动物卫生工作者、家畜交易商和饲料供应商等。重要的是确定补助措施对配套服务的需求，并充分评估这种服务的实际可用性和效率。同样重要的是，任何措施都应支持和提高当地服务提供者的能力，无论他们是政府还是私营部门，而不是与他们竞争。与扩群方案有关的具体配套服务可包括：

- 合格的兽医（公共或私营）；
- 兽医辅助专业人员（如社区动物卫生工作者）；
- 家畜代理；
- 饲料和药品供应商、兽药店；
- 市场交易员；
- 相关的当地非政府组织或社区组织。

在可能情况下，一个家畜扩群饲养项目应与正在开展的解决有关问题或需求的发展方案结合起来。

（1）动物卫生服务

这是对新获得动物的家庭重要的支持服务之一。大多数方案分发的动物都是健康的，已经接种了预防流行性疫病疫苗和做了寄生虫治疗，此后，就交由动物养殖者负责动物健康了。因此，重要的是要提供养殖者负担得起的动物卫生保健服务。应评估各方面的服务：

- 能正常履职吗？
- 目标群体易于获得吗？
- 该地区有药物和疫苗吗？
- 服务是否负担得起？
- 兽医部门主动吗？其作用是什么？

如果不存在动物卫生服务，则家畜供给计划的可行性就可能存在问题。一个项目的设计、资金和执行过程，要充分考虑面向更广泛的社区群体，能够提供适当、可行、可持续的服务。然而，支持建立初级动物卫生服务是一项不应低估的重大、长期工作，与在该领域积极活动的其他机构协商，来确定提供支持动物卫生保健服务的其他现有或未来方案。

除非该方案有自己的技术人员，否则它还将要求兽医专家检查拟购买的动物，确保它们健康，并进行必要的治疗或检疫。

（2）培训

那些在饲养家畜方面缺乏经验的人需要提高他们的技能和知识。应在项目设计阶段评估培训需求，并纳入活动计划。可以提供基本动物卫生保健和管理培训的额外支持，特别是对那些不太熟悉家畜的人。很可能所有受益者都将关注治疗寄生虫、照料新生或幼小动物，以及可以通过接种疫苗和当地动物卫生服务预防疫病的建议。

（3）额外投入

不同的项目分发了粮食、供出售或交换的额外动物、驮畜、基本的家庭用品和工具，以支持重建家庭生计。投入这些的目的是帮助家庭避免为了养活自己而不得不出售动物，在动物有足够的生产力之前为他们提供食物来源，对于流离失所的家庭来说，为他们提供恢复以前生活方式所需的基本工具。

在提供粮食时，应注意尽量减少与得不到口粮的社区成员发生冲突的可能性，可能也需要向最脆弱的群体提供粮食。必须与该地区参与粮食分配的机构建立联系。

（4）饲料、水和安置场所

在干旱或作物和牧场遭到破坏时，限制了饲料供给。在这种情况下，可能不合适扩群。同样，如果在应急情况发生之前，某一地区家畜已经过剩，提供的饲料不足以维持现有动物，则任何拟议家畜供给方案的可持续性都将受到质疑。如果饲料分配是合理的，只有合理分配少量动物时，才是可行的。一些组织通常在家禽分配方案中，组织派送鸡雏、饲料和一些设备。

动物需要安置场所来保持温暖或凉爽以及干燥，同时需要围栏等来防止疫病传播和保护它们免受捕食和偷盗。如果没有安置场所或其被破坏，可在此项目里纳入建筑材料（屋顶板、铁丝网、水泥等）。

9.3.5 成本效益

与其他干预措施相比，扩群方案的费用可能相当大，对其成本效益的意见也各不相同。少数动物的小规模分布可能具有成本效益，因为经营和动物饲养成本相对较低，而回报相对合理。然而，在涉及大量动物重建计划中，则需要注意。在评估此项目的全部成本时，应考虑下列因素：

- 项目运营成本：实施人员、物流、监控、影响评估；
- 购买动物的成本；
- 受益家庭数量；
- 接种疫苗和其他治疗；
- 饲料配给（如果提供）；
- 安置场所材料（如果提供）；
- 分配成本：运输、暂存场地、检疫和家畜损失；
- 培训费用；
- 其他机构或政府的支持费用；
- 经常性开支：项目行政和管理，应急支出。

9.3.6 风险评估

所有家畜应急干预措施都存在固有的风险，必须尽可能预见和评估这些风险。关于家畜供给方案，表17列出了潜在的风险。

表 17 补充家畜的风险和解决措施

风险	解决措施
通过提供免费或具有竞争性的服务（诸如动物、动物卫生、饲料等）破坏当地私营部门	确保私营部门在提供商品和服务方面是全面合作伙伴和受益者
大量外部买家进入市场对市场价格产生的扰乱	尝试通过现有的市场渠道购买动物
由于家畜管理能力有限，弱势和贫困家庭可能不会被选择	确保提供其他支持，例如现金转移和粮食援助
在同一地区采用不同策略的代理商之间的竞争	确保执行机构与地方政府部门之间的适当合作
向受益人分配不适当的物种或品种	确保充分了解本地生产系统和生产能力
引入超出当地资源承载力的家畜可能导致环境退化	确保恰当评估，保证可用饲料资源与所饲养动物数量间的平衡

(续)

风险	解决措施
将家畜交由没有技术和资源的受益人照顾,可能存在潜在的动物福利问题	关注选择标准、监管和支持体系,例如培训
劣质设计、缺乏评估标准和基准数据而导致的监控、评价和影响评估水平的下降	分配专项资金,确保价值和影响评估是项目设计的组成部分

9.4 实施

9.4.1 阶段

在基础供给方案中可以确定若干不同的阶段。

(1) 启动阶段

必须利用一切机会向目标社区提供信息并与之沟通。应组织一次或多次启动会议,以便当地社区能够学习、讨论并就干预措施的各个方面达成一致。以下是需要说明的常见问题:

- 地理范围;
- 选择标准;
- 通过干预提供(不提供):要分配的动物数量和类型;
- 怎么选择和分配动物;
- 分配动物的所有权;
- 受益人对实施方案的责任;
- 受益人责任包括:照料动物、支付动物卫生服务费用、出售和处置动物及其后代;
- 任何还款计划的详细信息:现金数额、实物还款计划中的动物数量和类型等;
- 当地会议日程安排;
- 监控和评价计划;
- 解决争议和分歧的程序。

(2) 试验阶段(如有需要)

一旦所有的参与者都清楚了他们各自的角色和责任,就可以开始一个试验阶段来测试和调整活动和物流。只应将动物分配在一两个足够大的地点(村庄或地区),以确保能够全面测试干预措施。重点应放在评估日常运作,特别是采购、检查和分配动物的物流,以及社区反应。在试验阶段完成后,应尽快对其进行审查,并作出必要的调整,以便快速推出整个方案。紧急情况可能要求采取更务实的办法和有限的试验。

（3）主要阶段

随着干预规模的扩大，这可能需要增加新的团队，培训更多的工作人员。重要的是，所有的措施都要遵守通用的操作标准和条件。在整个执行期间，应确保设计具有灵活性，以便方案能够迅速应对不断变化的情况，如天气、疫病暴发、家畜和其他商品的市场价格。与地方委员会和受益者的良好沟通对于提供迅速和准确的反馈至关重要，以便快速调整方案。

（4）退出阶段

需要制定一项**退出策略**，以考虑方案将如何结束。这一点很重要，因为紧急情况的结束很少有明确界定，扩群是一种干预措施，往往会持续到恢复阶段。退出策略可以考虑以下因素：

- 确保受益人、社区领导人和地方当局在方案一开始就充分了解和理解退出策略；
- 确保在方案结束之前充分通知受益人、社区领导人和地方当局；
- 谁将负责监督受益人和他们的动物，特别是如果该项目以实物或现金补偿作为条件时；
- 为当地征聘项目工作人员的作用；
- 确保社区参与评价，并告知结果和经验教训。

（5）评价阶段

当活动完成后，应进行参与评价。重要的是，将调查结果和结论记录在案，以便吸取教训，改进未来的干预措施。干预后的影响评估至少应在一年之后进行，以评估干预对目标受益人的实际影响。关于评价和影响评估的更多信息可见本章和第10章。

9.4.2 合作

尽管人们普遍理解协作的作用，但通常很难就不同参与者的作用和责任达成一致。缺乏合作会严重破坏一项计划。例如，如果一个机构实施家畜赠予，而另一个机构进行租赁，这可能导致机构间的采购竞争，并在受援社区之间造成对立。过多的资助者竞争同一畜种会导致短缺、价格上涨和购买动物质量下降。有些机构可能比其他机构更适合提供支持服务，如动物卫生援助。其他人可能会提供市场支持或低成本动物安置场所。

（1）畜群供给委员会

一个多学科、多机构的畜群供给委员会最适合监督计划。委员会的成员可以包括直接参与的人，如高级地方行政官、地区兽医官员、家畜专家、当地家畜交易商和目标社区的农牧民代表。一些成功和积极的委员会在其他方面，例如帮助购买家畜和监控受益家庭方面发挥了重要作用。其他委员会为受益人代表分配了一个席位，以确保代表受益人的利益。

委员会应定期举行会议，以便能够迅速开始运作，并在出现问题时作出反应。所有会议记录都应作为后续审查和评估的资料。这些委员会的作用和职责通常包括：

- 审查扩群目的、目标、期望和风险；
- 决定规模：有多少家庭，要分配多少（和类型）动物；
- 分析项目受益人；
- 不同的扩群类型和条件的利弊；
- 文化因素，特别是关于动物的拥有和赠予；
- 需要解决的后勤和执行问题；
- 如何处理监控和评价方面的考虑；
- 团队如何运作，明确个人和团队职责；
- 与执行机构一起监督和监控补充动物活动；
- 选择受益人（就标准和选择方法提供建议）；
- 监视家畜购买情况，确保大小、年龄、性别和健康情况；
- 评估将要分配动物的适应性，并参与政府畜牧部门或项目的分配；
- 监控受助人、畜群生长和家畜使用情况，并遵守对重新放养动物销售的监测条件。

（2）地方区域委员会

应在补充家畜的每个地点（一个连续的地区，可能是一个村甚至是地区）设立委员会。这可使社区领导人、受益人代表和地方议员能够定期讨论方案并提供反馈意见，提出问题并解决争议。在适当情况下，委员会成员中至少有25%是女性，以确保充分考虑她们的意见和经验，地方委员会要在方便农民和妇女参加的时间和地点开会。

9.4.3 受益人的责任

方案必须确保受益人充分了解方案涉及的内容和他们的责任是什么。可能需要提供以下资料：

- 对原动物所有权、出售或处置的限制条件；
- 对后代的所有权、出售或处置的限制条件；
- 任何实物偿还计划：动物繁育数量、性别、时间进度等；
- 照顾动物的要求：饲料、水、安置场所和动物健康；
- 参与监控和评价；
- 动物死亡或偷盗处理程序；
- 受益人对实施方案的责任；
- 对方案负责的受益人是谁（机构、地方当局、地方委员会等）。

在规定条件的情况下，一份简单的协议书有助于规定受益人和执行机构的主要责任。应以当地语言书写，使不识字的受益人可以在他人的帮助下查阅。当地委员会的证人或当地领导人也应会签。建议要求地方行政当局派代表参加这些会议，以便每个人都知道这些条款和条件。方案应保留复印件，地方行政当局也应保留一份。

9.4.4　动物采购、检查、运输、配送

（1）要求

无论动物是在当地购买还是由交易商购买，都需要进行体况检查，以确保它们健康，并符合与当地社区和受益人商定的销售条件（日龄、性别、品种或类型等）。这通常是由当地兽医部门完成的，兽医部门应具有诊断该地区主要疫病所需的经验，并帮助作出有关疫苗接种和其他所需预防措施的决定。没有专业人员的组织将完全依赖政府或私人兽医。有一名社区代表在场，有助于考虑确保受益人的利益。购买动物的要求通常包括：

- 物种；
- 品种或类型；
- 性别；
- 年龄；
- 生理状况（怀孕，未怀孕），有时也包括胎次（之前繁育数量）；
- 体重范围；
- 外观和健康状况（见下文"检查标准"）；
- 原产地国家或地区。

在购买动物时，一个科学的做法就是兽医部门的技术人员应陪同受益人或交易人，以确保动物健康并适宜转运。如果受益人要直接从当地市场或集市购买动物，就必须设置规范，确保所有动物在运离前都经过检查、接种疫苗、寄生虫治疗，并打上标签或标记，以便日后鉴定。最好在一个简易的隔离区进行，在那里兽医可以执行这些任务。当受益人直接购买动物时，很难对被购买的动物进行监控，因此受益人必须同意在购买后将动物交给兽医人员，由项目支付服务费用可能会提供一定的激励，但可能不会提供某些动物。

（2）检查标准

在检查购买动物时，通常会采用下列标准，并依据最初的要求：

- 年龄：根据牙齿和外观；
- 胎次：母畜怀孕次数；
- 品种或类型：所购动物是否具有与所购动物类型相同的一般特征（大小、颜色、有角或无角等）；
- 性别：公母，阉割；
- 体重标准因物种、品种、年龄和性别而异。称重可以通过称重箱

（牛、绵羊和山羊、猪、水牛）、手秤（绵羊和山羊）、称重带（一种带刻度用来测量动物周长的带子，可估计重量）来完成。只称一个有代表性的动物样本就足够了，在许多情况下，评估身体状况评分可能是实际的选择。

- 物理外观：
  - 身体总体状况：极度瘦弱、瘦弱、中等、肥胖。一些家畜专家可能使用"状况评分"方案，对动物从 0（瘦弱）到 5（肥胖）进行评级（见附录 1）。
  - 眼睛：明亮，无感染；
  - 鼻腔无黏性分泌物；
  - 喙无损伤；
  - 牙齿：符合年龄的正确数量，缺牙或长牙，牙龈退缩是年老的标志；
  - 无贫血迹象，即眼睛和牙龈周围黏膜呈健康白色；
  - 没有伤口或外部寄生虫迹象的皮肤、毛发或羽毛；
  - 尾部清洁，无腹泻迹象；
  - 母畜乳头数目正确且无异常迹象；
  - 未阉割公畜两睾丸比例匀称、无异常；
  - 生殖区域（阴道、阴茎、阴茎鞘、泄殖腔）没有畸形和脓液；
  - 脚：没有跛行、过度生长，蹄、脚、爪无畸形；
  - 明显的怀孕迹象。

（3）标识

一旦购买动物，添加标识是很有帮助的。然而，这可能会耗费时间，增加更多的费用，并可能有悖于福利，所以只有在定期监控个别动物时，才考虑使用标识，临时标识更有利于福利。有些动物可能已经有烙印或耳缺，可以记录下来。可用的标识技术包括：

永久标识

- **耳标**（编号和颜色）可用于大体型牛和较小的动物，如绵羊、山羊和猪。如果正确地应用，这些是相当长久的，但如果需要更安全、更持久的解决方案，可以选择双耳标。记录每个标签号码，包括养殖者、种类、性别和年龄等基本信息。该计划应确保供应足够的标签和涂药器，并确保工作人员接受了适当的使用培训。出于福利考虑，耳标一般不用于马科动物。
- **耳缺**是在外耳的不同区域永久切割或冲压出特定形状。经过训练的操作人员需要使用特殊的钳子，配以局部麻醉和消毒喷雾。耳缺可以识别一批动物，但不能识别单个动物。在整个程序中必须保持较高的动物福利标准。

- 不建议给反刍动物和马科动物打**标签**。正确地、人道地应用需要熟练的人员和适当的设备，否则就会涉及动物福利问题。

临时标识

- **临时颜色标记**（持续几天到一周）可以用蜡笔标记，特殊标记如油漆、染料，标记于皮肤、羊毛或角。
- 带标签的**颈圈**。

临时识别技术成本低，通常易于实施，但当标记丢失、移除或不清楚时，可能会导致一些问题，因此在计划时需要仔细考虑识别动物的目的，可能最重要的是，临时识别可以维持良好的动物福利标准。

如果一个家庭只收到一头驴、一头骡或一头奶牛，注意动物的颜色、主要标记和特征也可以作为追溯手段。

（4）家畜运输

如果动物是从外地买进来的，就需要运输，如果交易商签订合同进行采购，则其就应组织运输。必须密切关注运输安排，以确保保持良好的动物福利标准，并确保动物到达时的压力、损失或损害最小。同样，项目或当地兽医人员，以及陪同交易商的社区代表，在监督运输工作过程中，必须注意：

- 避免将动物装得太紧或太松，以免造成不适和损伤；
- 提供足够的通风和遮阳；
- 确保有足够的停歇，以便喂水、喂食，如有必要挤奶；
- 应规定每天的最长运输时间和最短休息时间。

同样重要的是确保在装载动物之前和卸货后，对卡车进行充分的清洁。用高压管和消毒剂清洗是较理想的，但通常很难做到。卡车至少应该清扫干净，这可降低动物群体之间传播疫病的风险，特别是当卡车可能从多个地区运送动物时，这些动物可能患有不同的疫病。

（5）检疫隔离

如果从项目外区域或已知有疫病风险地区购买动物，则有必要在分配之前对其进行检疫隔离。当地兽医部门将告知是否有必要这样做，以及适用什么条件。

（6）家畜分配

如果受益人不在市场上选择他们自己的动物，那么就需要一个公平的选择制度。无论采用什么制度、方案，地方委员会和受益者都需要讨论和商定，以避免在分配过程中产生误解和投诉。分配方法包括：

- 受益人抽签决定他们选择动物的顺序。每个人依次选择一些动物，直到每个人都得到了准确的份额。

- 动物通过抽签系统进行分配，选出一头（只）动物或一组动物，并随机抽取一个受益人的名字。这一过程不断重复，直到所有的动物都被分配出去。
- 受益人分为几个组，每次向一组提供家畜。该系统的优点是简化了物流，更容易采购家畜。

受益人还应清楚了解分配的日期、时间和地点。核对受益人的身份是很重要的——每个受益人都应该带上他的项目登记文件和某种形式的身份证明。如果没有正式的身份证明，可以由社区领导或其他证人做出证明。需要记录（永久或临时标识）赠予动物的详细资料。

在接收动物时，受益人必须签署（或按手印）收据，然后由当地证人和项目工作人员会签。如果可能，可以允许没有参与分配的受益人加入另一组中，或者给予另一个挑选机会。

表 18　利益相关者在补充家畜项目中的责任

利益相关者	潜在责任
当地委员会	帮助设定受益人选择以及家畜购买和分配的标准；作为主要角色实施诸如处理问题和向项目组汇报主要问题；帮助监督受益人，跟踪现金或家畜的偿还情况并进行评估
兽医部门和基层动物卫生工作者	购买或隔离时进行家畜健康检查；确保始终维持动物福利水平；识别不符合标准的家畜；接种疫苗，治疗寄生虫；在家畜分配后对法定疫病的暴发进行控制和汇报；家畜卫生服务
地方领导人	在开展项目的过程中，扮演联系项目和社区的主要角色；确定潜在的受益者并进行监控
受益者	接收治疗患病家畜；确保良好的动物福利；遵守分发后对动物销售或赠予的限制；监测和评估；偿还贷款
社区	选择当地委员会；帮助受益人选择，并尊重受益人对此所做的最终决定；如果使用匹配系统，则应向受益人提供家畜；监测与评价
项目组	全面预算管理；利益相关者的协调；确保遵循选择、购买、分配、支持和检测的标准；确保动物福利水平；帮助解决重大问题；组织评价和影响评估；促进利益相关者参与到项目中

9.4.5　管理和监督扩群方案

全面管理和协调补充家畜方案是主要执行机构的责任。其他有关方面也可以分担一些责任，包括受益者本身、社区领导人。重要的是，在方案开始时应明确规定和商定其作用和责任。

受益人和当地委员会需要知道到哪里去寻求帮助、信息和建议，并报告问题。例如，应告知受益人，如果动物生病，在哪里获得援助或在哪里报告动物死亡。

9.5 关于监控、评价和影响评估的说明

扩群方案的证据基础仍需扩大，因此监控和影响评估尤其重要。影响评估不是所有扩群方案的例行工作，评估许多相对较小的干预措施往往不实际。在这种情况下，执行机构可以考虑对一些单独但类似的措施进行影响评估。

9.5.1 监控和评价

由于家畜分配项目的时间较长，至少需要在分配后两年内进行监控。监控工作除了评估项目的进展外，还应提供有关诸如兽医服务等支持的可用性和适宜性信息。这些信息可以帮助确定需要额外支持的领域，例如培训 CAHWs，支持兽医部门提供预防年度流行疫病暴发的疫苗，并确保 CAHWs 获得高质量药品。

如果在项目开始时就讨论人们希望从家畜分配中看到的变化，并且就一些关键的成功指标达成一致，监控就更有可能取得成功。然后可以根据这些评估进度，并在必要时调整项目。

每年两次的监控足以收集信息，但家庭需要更经常的接触，以处理接收家畜后头几个月可能出现的问题，如获得动物保健以及家畜福利和管理。监控调查也可以结合季节和生产季，如产羔时间，作为获取第一手信息的一种方式。在一些项目中，由评选委员会进行监督；在其他情况下，或也有一些项目，由选定的地方监控员与政府动物卫生、生产工作人员一起进行。如果正在使用本地监控系统，项目必须考虑根据预算支付此项服务。

对于流动社区，当家畜和家庭季节性迁移时，监控可能特别具有挑战性，可能只在一年的某些关键时间进行监控访问。在这种情况下，可以使用服务提供者（政府和私人）来收集监控数据。CAHWs 在这方面可以发挥特别重要的作用，因为他们可能频繁接触，但需要商定报酬。定性数据和定量数据都是有用的，并且相互补充。可以使用简单的形式来收集有关分配动物的病例、治疗、疫苗接种、驱虫以及产仔和死亡数量的量化信息。

可收集的监控信息类型包括：
* 分配动物的数量和类型；
* 家庭家畜规模和组成的变化；
* 提供动物保健、治疗方法和治愈率；
* 死亡率；

- 生产数据：产仔、奶、蛋、畜禽销售；
- 扩大饲养动物的家庭如何管理他们的动物，如劳动需求、动物保健、费用、获得饲料和水的途径等问题；
- 贷款偿还进展。

让社区参与监控方案的设计，可以帮助确定需要收集具体信息的敏感性以及如何更好地克服这些问题。例如，许多牧民不喜欢被直接询问他们畜群数量；参与式访谈，如果做得好，可以提供关于畜群生长和数量的信息，而不用直接问这些问题。

与受益人和其他主要利益相关方，如地方政府和地方服务提供者举行会议，可以明确他们在项目中发挥的作用，以及提高社区和地方政府的学习能力。

9.5.2 影响评估

影响评估对于确定扩群方案的实际利益、成本利益以及哪些工作起作用、哪些不起作用的原因十分重要。

一些扩群方案使用的影响指标如下：

- 动物数量的变化；
- 通过生计数据（收入和粮食来源、财产、社会经济地位、生计的变化）评估对生计和财产的影响；
- 对不同家庭成员（男人、妇女和儿童）的影响；
- 预期打算；
- 对市场的影响；

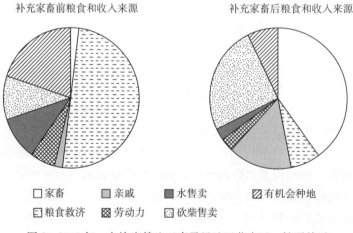

图 2   2005 年，在埃塞俄比亚索马里地区菲克区，扩群前后
家庭粮食和收入来源和比例关系图

资料来源：Wekesa，2005。

- 自然资源和土地使用；
- 对更广泛社区的影响；
- 成本效益和机会成本。

下面提供的信息（图2）显示了各种生计方法（饼形图示意）如何产生评估影响的相关数据。

9.6 检查清单

9.6.1 基础信息

- 应急情况已达到什么阶段？
- 在应急情况发生前，受影响家庭持有哪些种类和数量的动物？
- 应急情况对受影响家庭的影响是什么：仍有多少动物，它们的状况如何？
- 是否有合适的动物可供购买？
- 是否有足够的天然饲料资源（放牧、作物残余物和副产品）来支持扩群计划？
- 是否有可以借鉴的传统家畜补充策略？
- 有哪些地方机构和资助服务（动物卫生）可以支持和促进扩群？
- 是否充分解决了相关基础设施要求（市场、道路、水和电）？

9.6.2 设计注意事项

- 是否读了LEGS的相关部分？
- 扩群是否是最合适的干预措施？是否正在探索替代方案（参见参与响应识别矩阵）？
- 这些动物是赠予还是作为贷款提供？
- 贷款条件（还款）达成一致了吗？
- 如何处理动物的死亡或被盗？
- 是否充分考虑了预期的目标、结果和产出——它们是否满足SMART？
- 是否充分了解应急情况的规模、范围及其影响？
- 是否成立了国家级、省级或地区灾害响应委员会？
- 扩群是否与其他干预措施一起进行？
- 有哪些潜在合作伙伴（政府、国际或国内非政府组织、社区组织）在该地区开展业务？
- 是否有合作的空间——能否建立一个协调论坛？
- 是否存在一种为失去动物的家庭补充动物的现有机制？
- 所提议的时间表是否现实？
- 考虑过动物福利问题吗？

- 与较长时间的恢复或发展计划有关联吗？
- 在设计上是否有足够的灵活性，如果情况发生变化，可以将资金转移到其他活动？
- 是否有退出策略——谁来监督未来的贷款偿还？
- 将监控、评价和影响评估要求考虑在内了吗？

9.6.3 准备

- 是否设立了一个家畜响应委员会？
- 是否进行了需求评估？
- 是否建立了动物供给委员会——它是否具备必要的技能和专业知识？
- 是否建立了当地的现场委员会？
- 是否与社区讨论并同意了适当的方案？
- 是否充分确定了拟议计划的规模（地理区域、受益者数量、购买动物的数量和类型等）？
- 当地是否有必要的技能来支持该项目：人们需要培训吗？还是需要引进？
- 受益家庭是否有时间、劳力、技能、饲料和水来饲养额外的动物？
- 是否有特定的地区可以识别和优先排序？
- 在方案中是否有代表受益人（包括妇女）和地方机构的代表？
- 是否已与主要利益相关者讨论并同意受益人的选择和选择标准？
- 是否向受益人和主要利益相关者（地方当局）充分告知了拟议的措施及其运作方式？
- 需要准备当地的合同协议吗？它们是否清晰明了？
- 是否有解决纠纷的机制？
- 是否充分满足了项目的监控要求？
- 是否充分评估了潜在风险？

9.6.4 选择、购买和分配动物

- 是否商定了最合适的物种/清单？
- 是否同意购买动物的要求和检验标准（年龄、性别、条件、健康状况、胎次等）？
- 谁来检查动物——他们有必要的技能和设备吗？
- 需要安排家畜交易吗？
- 接收动物是否有附加条件（以实物偿还等），接收者是否完全了解这些条件？
- 将对动物的要求和健康状况进行哪些检查——谁将负责检查？
- 在哪里以及如何购买这些动物？

- 动物需要运输吗？运输安排合适吗？
- 如何识别动物（耳标等）？
- 这些动物将如何分配给受益人？
- 是否需要隔离，是否有当地兽医部门参与？
- 是否需要隔离设施？
- 谁将负责跟踪和支持受益家庭——他们是否有完成这项工作的技能、设备和设施？

9.6.5 监控和评价

- 是否有足够的基础信息，或者是否需要收集？
- 资助者关于监控、评价和影响评估的要求是否得到充分理解和吸纳？
- 监控方案是否已达成一致？
- 收集的信息参数是否已达成一致？
- 监控和评价是项目设计的一个组成部分吗？是否有足够的资金支持？
- 是否拟定并达成实事求是的影响指标？
- 是否设定影响评估，是否得到了充分的资金支持？

10 监控、评价及影响评估

10.1 介绍

本章旨在为设计和实施应急家畜项目的监控和评估提供一种切实可行的方法。它与家畜应急指南和标准的共同标准直接相关："进行监控和评估是为了在必要时检查和完善执行情况，并为将来的方案制定提供经验教训。"灾害背景下，承认现场操作和实际出资以及救济和畜牧工作者面临的日常困难，以下各部分给出了如何监控和影响评估并改进它们。

假定在所有类型的应急情况如快速发生、缓慢发生或二者皆有的情况，所有的经验和教训应当为今后的方案制定提供借鉴。在缺乏学习途径的情况下，倾向于在没有完全了解干预措施影响的情况下重复干预措施。无论项目在地理覆盖范围、受益者人数或资金方面的规模如何，都应进行影响评估。在大规模的综合项目中评估特定的家畜相关活动是可能的。

10.1.1 定义

在评估应急家畜项目时使用了各种术语：

- **监控**是对项目在一段时间内的系统测量。它通常涉及定期收集信息，它允许在项目期间进行更改，同时还为定期回顾、影响评估或评价提供信息。

- **评审**是在特定时间点对项目进行的评估。它可以专注于项目的特定方面，并涉及比单独监控更详细的问题分析。针对已出现的具体问题或难题进行审查。

- **评价**通常是对项目全面正式的评估。典型情况下，它将项目活动和项目要取得的目标联系起来，因此评价的价值部分取决于所述项目目标的明确性和相关性。评价还可以评估与资源特别是财政投入有关的工作效率，并可以审视项目的可持续性和长期影响。评价的开展并不频繁，通常在项目结束时进行。

- **影响评估**着眼于项目对人员、环境或机构的影响。它确定项目期间人们生计发生的变化，并确定这些变化是否以及如何与项目活动相关。人道主义和发展机构经常将项目活动与影响之间的联系称为"归因"，这类似于更科学的术语"关联"或"因果关系"。

常规评估和一次性评估都需要使用测量指标（表 19）。主要有两类指标：

- **过程指标**测量项目活动的执行情况或正在进行的工作。大多数应急家畜项目侧重于过程指标，这相对容易，因为它涉及简单的物品或人员计数，例如提供给兽医工作者的药品瓶数。过程指标很重要，因为它们通常与项目支出相关，因此常用于财务问责。

- **影响指标**测量项目活动的最终结果或最终影响。一般来说，没有很好的定义或适当地在家畜项目中使用。

表 19　家畜应急干预措施的过程和影响指标示例

家畜干预类型	过程指标	影响指标
商业清群	购买的牛只数量	受援家庭从减少存栏中获得收入的使用情况
屠宰清群	接受干肉的女性户主家庭数量	儿童食用干肉以提供营养
家畜补饲	每种家畜每天饲喂的精饲料重量	饲喂动物和未饲喂动物的死亡率
紧急供水	修复的井数	按不同家畜品种可接受的最低推荐水摄入量的家畜比例
家畜安置场所	建造的安置场所数量	在安置场所与不在安置场所动物的死亡率
兽医保健	提供给乡村诊所	利用土霉素治疗疫病，康复家畜的比例
扩群	接收绵羊和山羊的家庭数量	使用出售动物获取的收入

10.1.2　评价和影响评估的共同制约因素

与救济人员和家畜工作者的讨论表明，应急家畜项目的有效评价和影响评估存在一些共同的制约因素。表 20 列出了这些制约因素，以及解决每一个制约因素的方法。

表 20　家畜应急干预措施评价和影响评估的常见制约因素解决方案

制约因素	解决方案
"我们不知道该项目的预期目标是什么，因此很难进行评估。"	> 参见"测量具体的、可衡量、可实现、现实、有时限目标"部分。
"我们没有足够的时间和资金进行监控和评估。"	在建议阶段监控和评价的计划和预算。 > 参见"关于有意义的指标"一节。

（续）

制约因素	解决方案
"我们没有任何基线数据。"	选项包括： 在初步、快速参与性评估期间收集关键的基线指标； 回顾性方法，通过二手数据和项目监控数据进行三角测量。 ＞ 参见"何时测量过程"部分；何时测量影响；以及参与性 方法和归因的使用。
"我们并不真正了解'影响'的含义。"	从民生角度思考项目的最终目标。询问社区成员，他们认为该项目在食物消耗、收入和家畜财产保护等指标方面对他们的影响。 ＞ 参见"选择影响指标"部分。
"在伦理上，我们不能使用对照组来评估影响。"	通常可以确定目标人群中的对照组。 ＞ 参见"参与式方法的使用和归因"一节。
"许多影响是定性的，因此难以测量。"	采用系统、重复评分或评分方法。 ＞ 参见"参与式方法的使用和归因"一节。
"由于更好的饲料或兽医保健，很难衡量家畜健康的变化。"	在畜牧业历史悠久的地区，当地知识通常是广泛的——使用参与性方法来测量变化。 ＞ 参见"关于在时间和空间中定义项目边界"的部分。
"人们不愿告诉我们他们养了多少动物，或者他们赚了多少钱。"	使用避免绝对测量财富或收入的比例方法；三角测量。 ＞ 参见"参与式方法的使用和归因"一节。
"我们期待项目结束后会产生影响。"	虽然有些影响可能发生在项目之后，但如果在项目期间没有影响，则可能会质疑项目目标。在影响评估中，包括有关可能预期未来效益的问题。

　　此外，还有一些机构和制度因素阻碍了评估。例如，许多现场工作人员和项目管理人员对资助者报告要求表示关切，因为这种要求主要侧重于报告项目活动，而且往往是定量报告。他们还指出，一些资助方不愿意为项目结束评价或影响评估提供资金。从业人员还描述了其所在机构内高级管理层不支持系统评价或影响评估的情况。这些问题并不是应急情况下家畜干预所特有的，而是人道主义行动中广泛存在的弱点。这些准则的一个基本假设是，参与应急家畜干预行动的所有行为体应不断努力完善和改进方案，这需要存在定期评价和了解干预行动对人、机制和环境的影响。

10.1.3　信息和证据的使用者

　　评价和影响评估的方法取决于信息的最终用户。一般而言，在社区一级日常工作的用户，如为社区组织和非政府组织工作的现场工作人员，往往相信定性评价就足够了。评估方法可能包括整理监控数据，专题小组讨论，个别访谈以及优势、劣势、机会和威胁（SWOT）分析。在这些情况下，信息主要供本地使用，其有效性将与监控数据、现场工人的经验和现场长期观察结果进行交叉核对。这一过程还可以为国家项目和方法提供信息。这类局部评估往往具有成本效益、及时性和适当性，并可根据现场实际情况合理地修订方案。但偶尔也需要更系统的方法。

从现场到国家或区域办事处，再到资助方、各国政府、联合国机构和非政府组织的实施或出资政策，信息需求都会发生改变。更多参与者往往希望评估包括定性和定量数据，并适用于更广泛的领域。然而，尽管其中许多参与者利用评估为其决策提供信息，但大多应急家畜干预措施的评估都非常主观，在证据方面并不特别令人信服。评估影响的最常见方法是与选定的提供信息者进行有限的意见交流（图 3）。以此图作为参照点，许多机构面临的挑战是提高项目评估生成的证据水平，同时使评估方法和手段便于用户使用，并适合困难的操作条件和资金限制。另一个需要考虑的问题是，需要按照《人道主义宪章》和《灾害应对最低标准》（全球手册）以及《家畜突发事件应急指南和标准》手册的规定，让当地人参与监控、评价和影响评估。

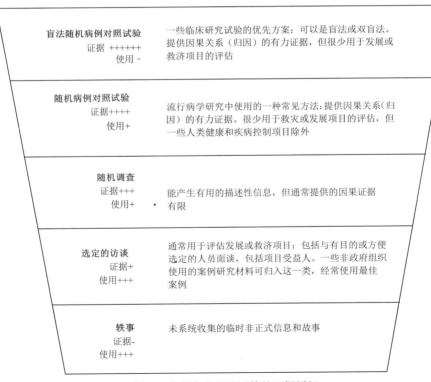

图 3　家畜应急项目评估的证据层级

10.2 监控

10.2.1 确定具体、可衡量、可实现、现实和有时限的目标

家畜应急项目的监控系统应使项目经理能够跟踪项目活动的执行情况，监控支出情况，并及时发现和纠正问题。经过核对整理、组织良好的监控数据也有助于评审、评价和影响评估。

设计监控系统的第一步是设定项目目标，并确保这些目标具体、可衡量、可实现、现实和有时限（SMART）。符合具体、可衡量、可实现、现实和有时限的标准，定义明确且记录良好的目标，会自动指向测量目标的关键指标。插文 11 提供了一个示例。

> ### ⊃ 插文 11 家畜饲料补充项目的 SMART 目标和监控指标
>
> 假设一个非政府组织正在计划干旱期间的家畜应急饲料补充项目。该非政府组织将该项目的目标描述为："在干旱期间保护家畜，并加强干旱后的恢复。"这不是具体、可衡量、可实现、现实和有时限的目标，因为它太模糊，难以衡量。
>
> 更好的 SMART 目标示例是："在两个地区，到项目结束时，将 50％ 最贫困家庭拥有的核心小型反刍动物群的死亡率至少降低 25％。"这一目标是：
>
> - 具体，因为它具体说明了项目地区以及要针对的家畜和家庭类型；
> - 可衡量，因为它界定了项目的地理界限，并从死亡率和家庭比例方面量化了预期的影响；
> - 可实现，因为建议的死亡率降低是基于以前的评估，显示死亡率降低 25％ 是可以达到的；
> - 现实，因为它以最贫穷的家庭为目标，并以这些家庭拥有的家畜种类为依据；
> - 有时限，因为它规定影响将在项目执行期内发生。
>
> SMART 目标固有的关键监控指标包括：
>
> - 执行项目活动的地理区域；
> - 按物种、年龄和性别划分的家畜种类；
> - 饲养的家畜数量和饲养期；
> - 饲喂与未饲喂家畜的死亡率；
> - 目标贫困家庭的数量或比例。

然而，许多项目易于忽视对目标的测量，只注重对项目活动的监控。活动水平的监控指标可包括购买和分配家畜饲料的数量、类型和货币价值。饲料购买和分配的跟踪对于监控实施情况和财务会计很重要，但不能提供关于项目目标实现情况的直接信息。许多家畜应急项目在活动层面有一长串监控指标，而用于衡量总体项目目标的指标相对较少。项目必须包括目标和活动两级的监控指标。一般而言，衡量目标的指标应包括影响和过程指标，而活动水平的指标只需是过程指标。

10.2.2　有意义的指标

许多家畜应急项目的监控和评估报告将活动和影响水平记录为绝对数字，例如，"10 000 头牛接种了疫苗"或"1 500 只绵羊和山羊获得了补充饲料"。对某些读者来说，这类数据令人印象深刻，因为引用的数字似乎很大，而且反映了高水平的活动。然而，除非这类数据与所讨论的动物种群的平均水平相关，否则可能对活动水平本身具有误导性（插文 12）。

> ### ⟳ 插文 12　有意义的指标
>
> 想象一下，一份监控或评估报告通过提及向受灾地区的绵羊和山羊预防性施用 2 000 剂驱虫剂（驱虫药物）来解释家畜应急治疗项目的成功。乍一看，这似乎是一个有价值的干预。然而，该报告没有提供绵羊和山羊群体的估计数量或该群体中临床蠕虫病（蠕虫）的估计流行率。现在假设该地区的绵羊和山羊数量约为 40 000 只，并且由于蠕虫导致的临床寄生虫病的流行率为 15%，因此有 6 000 只动物受到影响。就需要治疗的动物而言，干预的覆盖率为 33%。与其仅报告治疗的绝对数量，不如对照患病动物的数量或接受治疗的患病动物比例报告治疗的数量。

在复杂的应急情况下，兽医治疗或疫苗接种等干预措施要重复实施，针对种群活动的报告对于制定疫病控制策略非常重要。除非所制定的策略考虑到特定疫病的基本流行病学和经济学，否则，一次性和明显大规模的干预措施只能产生有限的影响。对于某些动物传染病，次优的疫苗接种覆盖率可能会促使疫病成为地方病。

10.2.3　何时评定过程，何时评定影响

作为一般规则，在家畜应急项目期间，可以每月进行一次过程监控，因为一个月内通常有足够的项目活动，有理由对活动报告进行投资。相比之下，最好留待项目结束时评价其影响，或者在复杂的应急情况下每年进行一次，原因如下：

- 运行、后勤保障和时间方面的限制妨碍定期收集关于影响的信息。例

如，每月的影响监控将需要对选定的畜群和家庭进行访问，并使用耗时的问卷或参与性方法。这种监控很少适用于相对稳定工作环境下家畜发展项目，在应急情况下尤其存在问题。在游牧地区，后勤保障问题更为复杂，因为在那里，家庭可能迁移而难以跟踪或到达。

- 对于某些家畜项目，由于项目的性质，影响可能在一个月内不明显。例如，在扩群项目中，关键影响最有可能发生在动物生产后代之后。怀孕期每月对这些动物进行监控不合适，并且提供的影响信息有限。
- 对于大多数家畜应急项目，可在项目接近或结束时以合理的准确度测量影响。相对于额外的时间和资源需求，每月影响监控的适度附加值通常是不合理的。
- 项目结束对影响指标的测量可以根据整理的过程监控信息进行三角测量（交叉检查）。

除非机构具有在应急情况下进行长期（纵向）影响监控的特殊经验，否则应侧重于在监控系统中收集过程指标。这些信息整理后，可用于支持项目结束时的评价或影响评估。对于给定的 SMART 目标，监控系统可侧重于该目标的过程指标，而评价可包括过程指标和影响指标。在监控过程中，如果在收集过程监控信息之外不需要大量额外的时间或资源投入，则可以测量具体的影响指标。作为一般规则，最好适当地衡量有限数量的过程指标，而不是过于雄心勃勃地设计一个无法实施且根本不产生任何信息的精细监控系统。

10.2.4　基础数据

影响各机构监控和评价家畜项目方式的一个关键问题是缺乏感官基础数据。例如，在发生人道主义危机的许多地区，关于家畜数量或疫病流行率的基础数据未知或不可靠。由于所需的时间、资源和技术专长，以及在某些情况下各种出入、安全和后勤限制，在应急情况下往往无法开展常规调查。援助工作者和家畜专业人员常常以基础数据有限为理由不进行评价或影响评估。然而，最近的经验表明，缺乏常规基础数据并不一定会妨碍一个相当有力的评估过程。至少有三种方法可以解决基线限制问题：快速参与性需求评估、回顾性基线和病例对照研究。

10.2.5　快速参与性需求评估

使用快速参与性需求评估方法可以收集非常有用的基础数据。这些方法是家畜应急指南和标准项目建议的，一些机构对可能的干预措施进行初步需求评估和分析时已经采用了这些方法。所收集的许多信息可用作基线。表 21 提供了通过参与性方法得出的基线数据实例。

旨在改善兽医保健等服务的家畜干预措施中，可以使用以下五个关键的服务提供指标：

- **可及性**是指家畜饲养者与最近的经过培训的服务提供者（如基于社区的动物卫生工作者）或固定设施（如兽药店）之间的实际距离。此距离可以公里或行程时间来测量。

- **可用性**是衡量服务在一个区域中的可用范围。一个地区可能有许多兽医，但如果他们都集中在主要城镇，服务仅对他们可用，但农村地区无法获得。相比之下，兽医工作人员可能与家畜饲养者关系密切，但如果他们一周只工作一天，虽然可及，但实际无法获得。可以使用每周的可用小时数来衡量，比如兽药等所需物品的范围和数量是衡量供应情况的进一步指标。

- **可负担性**是人们为服务付费的能力。鉴于在应急情况下需要以弱势群体为目标，对负担能力的评估应包括检查较贫穷者支付服务费用的能力。就兽医服务而言，将兽医保健成本与动物当地市场价值进行比较，可提供关于治疗的可负担性和成本效益的有用见解。

- **可接受性**涉及服务和服务提供者的文化和政治的可接受性，并受社会文化规范、族裔、性别、语言能力和其他因素的影响。

- **质量**，衡量服务质量的标准可以是服务提供者接受的培训水平、他们的技术知识和技能、他们的沟通技能以及他们拥有的物品或设备的质量和范围。

表 21　利用快速参与性需求评估收集基础数据

基础信息例子	
参与式制图	社区和潜在项目的空间边界——适用于所有类型的干预。 服务、服务提供者、市场和家畜饲料、家畜水源的可及性——用于清群、家畜饲料、兽医、水和扩群干预。
比例累积图*	按动物种类、年龄、性别划分的畜群结构。 核心畜群的识别——用于清群和家畜饲料干预。 按动物种类和原因、正常时期和灾害期间划分的家畜死亡率——用于家畜饲料、水和兽医干预。 按动物种类和疫病、正常时期和灾害期间划分的疫病流行率——用于兽医干预。 利用牛奶产量、市场价值、运输等指标，评估不同家畜疫病对生计的相对影响。 家庭收入和食物的来源——用于清群、兽医和扩群干预。
财富等级*	财富组的定义、按财富组划分的家畜持有量、按财富组划分的家庭比例——对面向较贫穷家庭的干预措施有用。
矩阵评分*	将不同的兽医服务提供者与可及性、可获得性、可负担性、可接受性和质量等指标进行比较——用于兽医干预。

　*当已标准化和重复时，此方法产生的数据可用于常规统计学汇总。有关这些方法和实例的更多信息，请参见 RRA 注释，1994；Bayer 和 Waters－Bayer，2002；Catley，2005。

所有这些服务提供指标都可以作为基线，采用表21所列的参与性方法，以及对兽医设施的直接观察和半结构式访谈来衡量。

（1）回顾性基线

这种方法在评估或影响评估期间使用，要求社区信息提供者在项目开始时描述情况。当信息提供者对家畜管理和健康有全面的了解，并且可以根据过程监测数据对信息进行三角测量时，这种方法效果很好。回顾性基线在"参与式方法"一节中有更详细的讨论。

（2）病例对照研究

病例对照研究是比较干预措施对目标群体及对没有干预措施群体的影响。在人道主义危机中，各种伦理、后勤保障和研究设计问题限制了病例对照研究的使用。例如，故意将一个社区排除在救济干预之外使其成为一个对照群体，这违背了基本的人道主义原则。然而，这种方法在影响评估中有一些应用，在关于"参与性方法"一节中有更详细的讨论。

10.2.6 参与性监控

社区参与是灾害响应的核心要素，全球手册强调"以人为本方法"的重要性，LEGS指南的第一个核心标准是："受灾害影响的人群积极参与评估、设计、实施、监控和评估家畜计划。"第一个标准强调了参与的重要性，包括参与监控和评价。然而，发展项目的经验表明，虽然经常提倡参与性监控，但往往难以将当地人民纳入系统的监控系统。应急期间，LEGS项目认识到，人们可能没有时间进行定期监控活动，通常会为了生存和保护他们的生计而忙得不可开交。

在这种情况下，一种妥协办法是在监控系统中纳入与社区成员的磋商和会面。这种互动不需要采取正式和重复问卷调查的形式，而是在整个项目中使用访谈和社区会议。社区成员完全可以观察项目的实施情况，确定优势和劣势，并提出改进活动的建议。监控系统应认可这些本地观察结果，并将与社区成员的对话和访谈与过程指标的测量结合起来。关于社区水平对话的频率，两个广泛使用的方法是承诺每月进行一定次数的访谈和举行一定次数的会议，或进行一次性访谈和举行一次性会议。作为整个监控系统的重要部分，应记录社区层面的对话和访谈，但这往往是项目监控最薄弱的领域之一。由于许多监控格式非常注重记录数字数据，现场工作人员并不总是习惯于以叙述性说明的形式记录定性信息。此类记录无需冗长，可以采用总结说明、关键问题和行动要点的形式。

10.2.7 监控设计

在考虑所有这些问题时，家畜应急项目的监控系统应侧重于具体、可衡量、可实现、现实、有时限目标和相关活动的过程指标，并包括社区水平的协商。监控系统的设计可基于以下步骤：

第1步：确定监控指标

监控指标可参照项目目标和实现每一项目标所需开展的活动来确定。对通过初步参与性评估获得的或从二手数据中获得的基线数据进行审查也可为监控指标的选择提供信息。表22提供了不同应急家畜干预措施的过程和影响监控指标示例，其中假设监控将侧重于过程测量。

第2步：决定如何让社区成员参与监控

如"参与性监控"一节所述，监控系统可包括每月特定次数的访谈和社区会议，也可更具临时性。访谈的次数和访谈对象的选择取决于项目的目标、实施方式和所需信息。访谈和会议的设计往往取决于现场工作人员的经验及其对社区和干预措施的了解。有了非常有经验的员工，访谈可以是对话式的，并为当地人员提供了对项目进行评论和提供改进建议的机会。对于经验较少的员工，可能需要一份结构化或半结构化的问题清单，以提醒他们涵盖的关键领域。

第3步：决定监控频率和咨询对象

当监控系统侧重于使用过程指标测量活动时，每月整理和报告信息通常是适当的。社区会议或个人访谈的记录易于与包含更多数值过程数据的标准化监测表格同时提交。没有确定参与社区水平协商人数的标准方法。一些家畜干预措施，如提供水或饲料，可围绕固定地点组织，在那里可方便咨询干预措施的使用者。一些项目与现有的社区团体合作，或建立专门负责干预措施设计和实施的地方委员会，这些地方团体可以承担一些收集监控数据的任务，也可以接受项目工作人员的咨询。对于小规模项目，例如涉及3～5个社区或村庄的项目，可每月咨询社区团体或个人。

对于涉及许多社区的大规模干预行动，社区水平的协商应力求代表整个项目。常规研究、调查通常使用定量统计方法来确定群体或个人的代表性样本。在应急情况下和进行例行监控时，很少使用这种方法，项目工作人员就咨询谁作出判断往往基于资源和时间限制，而在某些情况下，安全和准入问题又加剧了这种情况。例如，在涉及20个村庄的屠宰清群干预行动中，大多数观察员都公认为一个每月只涉及一个村庄的监控系统是有缺陷的，特别是如果每个月都访问同一个村庄。在本例中，每个月应咨询大约5个或更多的村级团体和受益人，并在下一个月访问不同的村庄。

与从当地人员处收集信息的任何流程一样，在项目监控期间进行的访谈存在偏差。项目经理需要意识到这些偏差，并实施交叉核对监控信息的方法。这可以通过特别访问来进行，以观察项目活动，并与可能不参与日常监控的人员如非受益人交谈。

第 4 步：设计监控表

监控期间系统地收集数据需要使用标准化的报告表格。就大多数干预措施而言，一页监控表格将涵盖所需的大部分信息。应与使用表格的现场工作人员一起设计和测试表格。在监控涉及文盲情况的干预措施中，可以使用标记图片形式的监控表格，监控表格示例见附件 4A。

第 5 步：整理校对监控信息

对于项目结束评价和影响评估，核对监测数据可以提供关于执行了什么、与谁和在哪里执行的总体情况。这些信息可协助评估人员决定项目目标是否已实现；在影响评估中，它可以用来对实际活动和执行水平的影响信息进行交叉检查（三角检验）。这种交叉检查过程在参与式方法的使用和归因部分有更详细的解释。整理的监控信息也可以帮助进行成本效益分析。

10.2.8 链接官方监控系统

对于某些干预措施，项目监控系统应与官方政府系统链接。最常见的例子是基于社区的家畜疫病监测，由社区动物卫生工作者或其他兽医辅助专业人员提供的疫病报告可有助于官方的疫病监测。LEGS 为常规监控提供了以下指导："通过记录家畜疫病事件和治疗或控制措施，监控兽医工作者的临床活动有助于建立家畜疫病监测系统。按动物种类和疫病记录的家畜发病率和死亡率与面临风险的群体相关，则此类数据最为有用。应尽可能与政府部门合作设计种类监控任务。"

10.3 评价

评价是对项目的详细评估，通常侧重于项目目标：目标是否已实现，如果未实现，原因何在。评价还可以审查项目效率和有效利用财政、人力或其他资源的问题。一种越来越常见的经济方法是使用成本效益分析，但不建议将其作为一种独立的方法，而应与其他类型的评价或影响评估相结合（见"成本效益"一节）。一些评价还评估项目的相关性：一个项目可能已经实现其目标，并得到有效设计和实施，但相对于实地需求而言，它是否是正确的项目。当监控系统设计良好并得到良好的执行时，评价可以是一个相对简单的过程，因为它侧重于项目目标。如果一个项目的监控系统已成功地确定和设定了与目标有关的关键变化指标，则评价过程的大部分可能涉及对监控数据的汇总和分析。然后，其他评价活动可以侧重于交叉核对这些信息，并考虑影响项目更广泛的问题。相反，当项目文件对目标表达不佳时，评估可能非常困难，因为不清楚项目试图实现什么。

在家畜应急干预时，通常在项目结束时进行评价。然而，在复杂的应急情况下，家畜项目连续多年背靠背实施，在项目周期结束前进行的评价可为下一周期的设计提供信息。

10.3.1 评价目标对测量影响

只有适当说明项目目标，评价才能揭示项目对人们生计的影响。例如，通过对照"为 5 000 头家畜接种疫苗以预防重要传染病"的目标衡量结果，评估人员无法就接种疫苗计划对人们生计的影响得出直接结论。除非一个项目具体说明在社区、家庭或个人层面的预期效益是什么，否则对目标的评估不大可能说明影响。在大多数危机中，人道主义援助的目的应当是保护人们的生命和生计；这反过来又需要评估一个项目对人类生存、健康和营养、家庭财产以及快速恢复所需的当地服务和市场状况的影响。按照 LEGS 生计方法，假设大多数应急家畜干预措施的目标可以从对受灾害的人的影响来表述。例如，家畜补饲干预措施的目标可能是"在三个月的干旱期间，通过维持一个核心种畜群，保护 500 户家庭的关键家畜财产"。在这种方法中，评价和影响评估非常相似。当项目目标未具体定义对人的益处时，评价和影响评估可被视为两个独立但相关的过程。

迄今为止，大多数家畜应急项目的设计都没有明确提及生计效益。因此，本章有关于评价和影响评估的单独章节，值得注意的是两个进程可在未来以生计为基础的项目中结合起来。

10.3.2 确定评价的职权范围

评价的职权范围规定了评估应实现的目标、使用的方法、最终报告或其他可交付产品的形式，并规定了截止时间框架。与项目建议一样，明确界定的职权范围有助于所有参与方对该进程及其预期成果达成共识。

可以根据一组通用的关键问题安排职权范围，这些问题适用于几乎所有家畜应急干预措施：

- 项目目标实现了吗，实现程度如何与项目设计或实施的各个方面相关？
- 如果项目目标未实现，原因是什么，以及在项目期间如何解决设计或实施问题？
- 项目目标与实施和政策背景以及目标社区的主要需求和能力相关吗？如果没有，哪些目标可能更合适？
- 从该项目中获得的主要教训有哪些，可用于今后的方案制定或最佳实践吗？

依赖于干预情况，还有很多其他附属问题，这些问题可能涉及机构工作人员或合作伙伴感兴趣项目的具体方面。

10.3.3 谁应该评价项目

需要考虑是否应使用内部或外部评价人员。内部评价人员通常是机构或项目工作人员，他们可能很了解项目，但可能不如外部人员客观。外部评价人员通常是专门为评估目的而聘用的咨询顾问。他们可能成本相对较高，但可能带来新的见解，并有助于建立更独立的评估。

许多非政府组织、私人咨询公司和个人声称提供外部评估服务。他们可以为项目带来的技能和知识有很大差异，以下是选择外部评估者时两个有用规则：

- 要求查看以前的评估报告。这些是否反映了可有效应用于本项目的技能和知识类型？它们是否写得很好、全面，具有分析性且以专业方式呈现？

- 向其他组织询问他们与外部评估人员打交道的经验。他们能否推荐与他们合作成功的人员？

除了内部和外部评价人员之外，其他人也可以对评价作出贡献或从中学习，因此评估小组可能包括社区代表，如妇女团体成员；社区老年人；社区组织成员；非政府组织工作人员；私营部门的工人；政府工作人员，包括来自中央机构的人员，如果项目旨在影响政策；外部评估人员和技术专家（社会发展、性别、经济学家）以及捐助方工作人员。

当非政府组织与政府合作实施家畜应急项目时，邀请地方政府工作人员参与评估是有益的。如果该项目旨在影响政策，那么也可以邀请高级别工作人员参与。

10.3.4 评价设计与方法

大多数评估涉及两个主要过程：①审查项目文件和监测报告；②使用访谈或小组讨论等各种数据收集方法来交叉核对项目文件，并允许对具体问题进行更深入的检查。

（1）项目文件和监控数据的回顾

任何评价中的一项重要活动就是回顾与项目或项目领域有关的文件和其他文献。评估小组成员应能够查阅原始评估报告（或同等文件）、项目可行性研究报告、项目建议书（包括项目目标和活动）以及监控和进展报告。还应提供其他文件，如实施伙伴之间的谅解备忘录、会议记录、培训手册和活动报告。除此之外，评估人员还可以查看有关该地区的其他文献，如社会经济条件和人们的粮食安全，以及更具体的家畜生产和家畜在人类生计中作用的描述。

然而，在某些地区，这类信息可能极为有限或十分陈旧，比如在冲突和冲突后，政府设施和记录可能已被销毁。在其他领域，可能很少进行过正式的调查或研究。尽管二手数据存在潜在问题和局限性，但文件回顾至少具有两项重要职能：

- 它使评估者能够确定项目描述的清晰程度。目标界定不清、活动模糊或监控数据有限的项目往往更难评估。

- 它提供从其他来源获得的信息，以供相互检验。

全面的评估通常会频繁而准确地参考项目和辅助文献。例如，直接转录项目目标和活动有助于在评价报告中描述项目。

（2）评价常用的数据收集和分析方法

访谈和讨论可以从非正式对话和讨论、到个案研究，再到正式问卷调查。所有这些方法都是有价值且常用的评价工具。其他手册中介绍了进行访谈、问卷调查和讨论的技巧。以下是需要注意的一些要点：

- 采访者（和翻译）的技能、态度和行为是决定访谈价值的主要因素，无论是非正式或半结构化采访还是更加结构化的问卷调查。采访者和提供信息者之间形成的关系对所得信息的质量具有重要影响。对文化规范不敏感、措辞不当或表达不清楚的问题，不认真的倾听行为以及对开放性或探究性问题缺乏经验，这些都会限制访谈方法的价值。
- 在评估前用角色扮演等技巧将使访谈易于实践和调整。

以下各段介绍了一些具体的访谈、讨论和分析方法。这些方法也可用于影响评估，除非系统地和代表性地重复，否则只会提供有限的证据。

结构化访谈——在结构化访谈中，所有问题都是预先确定的，通常以问卷形式提供。这种方法允许系统地收集信息，并且不需要在使用开放式或探查性问题方面有经验的访谈者。结构化访谈往往偏向于外部人员的观点和优先事项，因为问题是事先安排的。由兽医设计的评估问卷可能包括关于项目对动物生产影响的问题，并可能忽视其他形式的影响，例如与家畜的社会文化用途有关的影响。即使问卷中包含经过深思熟虑的问题，它们仍会受到采访者偏见的影响，并很容易成为数据驱动型问卷。

半结构化访谈——在半结构化访谈中，定义了许多关键问题，但仍有余地跟进从信息提供者回复中发现有趣的询问线索。这种类型的访谈需要具备更多技能的参访者、能够开展讨论的自信以及处理开放式和探查性问题的经验。如果使用得当，半结构化访谈具有系统性和灵活性的优势。关键问题的使用能够对来自不同提供者的信息进行整理和比较，而更多自发问题则为信息提供者提供了更多的机会来影响讨论的发展。

个案研究——这些是对个人历史、经历、生计、与项目的互动以及对未来希望的详细描述。尽可能地，这种个案研究是一个信息提供者所说信息全面细致的文字记录，至少不用编辑。个案研究的优势主要在于，他们用自己的语言反映了人们生活的复杂性。这有助于局外人了解他们所处的多种多样且往往困难的处境，以及特定项目与其他需求和服务相比的重要性。在使用个案研究时，与来自不同社会和收入群体的人面谈非常重要。一些机构倾向于过度使用个案研究方法，仅选择不代表整个项目的最佳案例。虽然这种方法可能有利于宣传，但很少对最佳实践或政策产生太大影响。这种方法需要良好的面谈和翻译技巧。

核心小组讨论——小组讨论最多 20 人，基于单个或范围狭窄的主题。核心小组的组成可能有所不同，从利益、社会地位或身份相似的人到可能持有不同观点和看法的混合群体。在评估家畜应急干预措施时，核心小组讨论的议题可包括确保早期响应干旱的方式，或兽医代金券计划的有效性。核心小组讨论需要良好的沟通技能，以确保人们不会偏离主题，并且小组的每个成员都有机会做出贡献。

优势、劣势、机会、威胁分析——数个分析工具可帮助项目评估人员整理关键信息并确定需要进一步开展工作的领域。常用的工具就是项目优势、劣势、机会和威胁（SWOT）分析。通常是与一组人员，如项目中的关键利益相关者一起进行。该过程涉及对以下 4 个特征进行头脑风暴：

优势——项目期间发生的好事，可以是特定活动、事件、新的或更强的关系以及项目的其他积极方面。

劣势——项目的缺点、未付诸实施的计划以及所犯的错误。

机会——考虑到当前的情况以及从项目中学到了什么，未来应该做什么？如何建立优势并减少劣势？

威胁——哪些因素可能会妨碍项目目标的实现？其中可能包括外部、政治、环境或经济制约因素。

10.4 影响评估

家畜应急项目的影响评估可以是一项独立的活动，也可以与项目评价结合或作为特地针对影响的问题子集。在发展项目中，可考虑各种水平和类型的影响，如家庭一级的影响，对环境的影响以及对组织、体制或政策的影响。影响可以是积极的、中性的或消极的。尽管发展循环中对方法进行了多年的调整和辩论，但没有界定或评估影响的标准方法，所采用的方法和途径因有关行为者的需要和背景而有很大不同。在应急情况下，也没有衡量影响的标准方法，这通常是人道主义干预措施最薄弱的方面之一。

在决定着手进行影响评估之前，通常有益的做法是对干预措施或项目进行快速内部审查，并决定是否按计划实施，或至少在何种程度上可以衡量其在家庭或个人接受者这一级的影响。在实施过程中面临很多困难或已知存在重大缺陷的干预措施可能不值得评估。例如，如果一个家畜饲料补充项目仅交付了计划饲料量的 20%，而这些饲料 6 周之后对到达项目现场，当时许多家畜已经死亡，剩余的动物已经移出了项目区域，则评估不大可能产生多少有用的信息。另一个考虑因素是评估的时间。

根据干预的类型和设计方式，评估的时间应安排在预计可能产生合理影响的时间。

10.4.1 常规方法：问卷调查

影响评估的一种传统方法是使用传统的数据收集方法和评估设计，并采取项目期间定期影响监控或项目后评估的形式。无论哪种情况，标准的数据收集工具都是一份问卷，而影响的定义和问题的优先顺序往往由评估人员控制，并反映在问卷的问题中。

问卷调查往往不具有参与性。评估的目标、方法和数据分析通常由评估团队处理，结果可能不会与目标社区共享或讨论。问卷可用于使用标准化或编码问题收集某些类型的定量数据。还可能收集某些类型的定性数据，这在很大程度上取决于普查者的经验、访谈技巧和记录信息的能力。

设计和实施问卷调查时应考虑到以下各段概述的最佳做法原则。

目标人群和抽样方法——当与代表性随机抽样的被调查者一起使用时，通常认为问卷调查是最严格的，尽管也可以使用有目的性的样本。评估报告的一个共同不足之处是未能描述抽样方法，甚至未能描述响应者人数。这使得读者很难判断结果如何代表项目区域，他们可能会因选择更成功的项目地点或受访者而产生偏见。

调查问卷设计——这包括选择要询问的问题，问题的精确措辞和顺序，以及调查问卷的标题、布局和外观。问题类型通常分为开放式、封闭式和半开放式，具体取决于信息提供者的自由度。与家畜或生计有关的敏感问题，如拥有的动物数量或收入数量不应列为首要问题。理想情况是，它们应由间接问题或方法取代（如"参与性方法和归因"一节所述的比例累积图），过长且提出令人困惑或敏感问题的调查问卷不太可能产生可靠或有效的结果。

管理——在人道主义情况下，问卷最有可能通过与项目地区，有时是非项目地区的当地人员进行个人访谈进行管理。这意味着普查员们必须经过良好的培训和监督，其选择应考虑到可能存在的偏差。例如，项目工作人员可能有意或无意地倾向于鼓励给出显示高水平项目影响的答案。

可靠性和有效性——一份可靠的问卷将产生一致的结果。因此，可通过向同一信息提供者重复提问、询问同一信息提供者的相似问题以及其他方法评估可靠性。有效性是回答反映真实情况的程度，因此可以对照独立、可靠的数据集进行检查。在以家畜为基础的人道主义干预措施中，有可能核实信息提供者对某些问题的答复，而不是对其他问题的答复。例如，在一个人们定居的地区，拥有很少的动物，并且将这些动物饲养在离家很近的地方，可以直接观察由再引种项目提供的种畜产生后代的数量。然而，要求查看出售部分后代或通过其他方式获得的现金可能不合适。

问卷需要进行预测试，以评估访谈者和被访谈者对问题和所用语言的理解，并在使用前进行必要的修改。

10.4.2 参与式方法

由于几个方法和组织的原因，很少对人道主义家畜干预措施进行系统影响评估。然而，在过去十年中，已经形成了一些旨在让社区参与衡量和归因影响的影响评估方法。这些参与式方法最早是在 20 世纪 90 年代初在人类健康和自然资源管理等部门的发展项目中使用的，是在项目设计中使用参与式办法的合乎逻辑的延伸。一个简单但重要的方法是采用参与式方法来衡量社区随时间的变化，并将这些变化与项目活动联系起来（归因）。一些工作人员也开始重复参与式方法，使用评分或排序方法来生成可进行统计分析的数据集。其中大部分工作是在非洲之角进行的，用于评估复杂应急情况或干旱期间的家畜干预措施遵循。

虽然这种方法产生的数据可能与问卷调查产生的数据类似，但参与式方法鼓励更多的社区参与。对于某些类型的问题，参与式方法也能产生更高质量的分析和结果。本节利用这些评估的经验，介绍了参与式影响评估的七部分流程。

确定影响评估的问题

许多参与式评估侧重于家庭层面的影响。一般的做法是确定家畜与人们生计之间的重要联系，并确定家畜市场、健康或生产的变化如何影响人们的营养、家畜财产价值或出售家畜及其产品所得现金的使用等指标。这些类型的影响对人们生计和粮食安全保障很重要，因此与评估人道主义危机中的家畜干预措施非常相关。一个精心设计的家畜项目有明确的目标。影响评估还应具有明确的目标，这些目标通常表示为一系列关键问题。影响评估的一个重要阶段是确定问题的优先级，应询问哪些问题，并重点收集和分析回答这些问题的信息。

在检查家庭层面与家畜有关的效益或变化的评估中，有必要了解社区如何使用家畜，以及这些用途如何因财富或性别而异。如果在项目设计的初始快速评估期间未收集到此类信息，则可单独或分组对当地人进行简单询问，以确定与家畜饲养相关的效益并确定其优先级。可以通过排名或评分方法支持访谈过程，如插文 13 中的示例所示。

在插文 13 中，牛奶和婚姻在当地被视为饲养家畜的两大好处。因此，这一领域的影响评估可侧重于以下问题：该项目对牛奶消费和人们营养的影响是什么？就婚姻和相关的社会和经济影响而言，该项目对妇女和女孩的影响是什么？

● 插文 13 前南苏丹通吉县阿克普帕亚姆提供家畜的好处：衡量家畜干预措施影响的潜在指标

比利时非政府组织无国界兽医组织决定，在 1999 年对当时苏丹南部复杂应急情况下一个以社区为基础的动物健康项目进行参与式监控。该项目在一个农牧丁卡族人社区实施。为了了解当地对家畜提供好处的看法，使用了一个简单的比例累积图工具分析 5 组不同信息提供者的信息。结果以饼图形式显示。在与信息提供者讨论结果时，在 Toic Lou 的男性注意到"每个人都像依赖药物一样依赖牛奶，它使人们丰满和健康"。在帕希尔的妇女解释说，"牛奶带来健康，如果健康，一个人可以结婚"。牛奶和婚姻是该社区项目影响的两个关键指标。

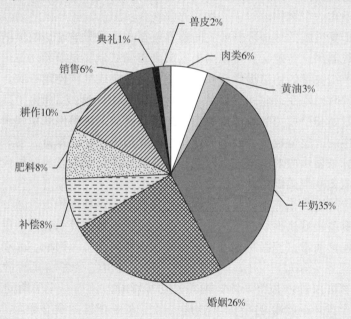

所使用的方法是比例累积图，每个提供信息组询问 100 个家庭。在这个社区，结婚时，新郎需要向新娘的父亲支付牛，补偿付款（例如对另一人造成的伤害）涉及牛的罚款，亲属关系支持包括向有需要的亲属提供贷款或赠送家畜或牛奶。

资料来源：Catley, 1999。

作为第二个例子，在干旱后为贫穷女性户主家庭提供绵羊或山羊干预行动的参与式影响评估可能只需要回答三个问题：

1）如果有，项目对所涉妇女的生计有何影响？

2）如果有，项目对孩子们的营养状况有何影响？

3）如何更改项目以提高其在未来的影响？

与这些示例对照，许多评估试图提出太多问题——最好是将一些问题问得好，而不是将许多问题问得差。一般而言，鉴于大多数家畜应急项目的内容，参与式评估应避免试图获得五个以上关键问题的答案。

10.4.3 在时间和空间中定义项目边界

任何家畜干预措施的目的都是在一段确定的时期内为特定地区提供利益。重要的是，涉及参与式影响评估的所有人员都要清楚了解项目是在何时何地进行的。在不同机构同时开展工作或一个机构背靠背地实施几项干预措施或项目的领域，投入的时间安排可能存在交叉，这一点尤其重要。除非每个人都了解干预所涉及的具体时间和地点，否则很容易混淆相关信息，因为它可能涉及多个干预且不止一个机构。

一种干预措施的地理限制或空间边界可在参与式影响评估的早期阶段使用社区参与式制图进行定义。可在网上查阅到参与式制图的详细方法[①]，这种方法通常由一组关键的信息提供者只在每个目标村庄或社区使用一次。

项目的时间限制或时间界限可由时间线决定。时间线是社区的口述历史，它将干预起始和结束与当地民众所感知的该地区的关键事件联系起来。在干旱等缓慢发生的应急情况中，时间表还将参照降雨、人员或家畜流动、家畜死亡及其他指标来显示应对措施的及时性。该方法通常只对每个目标村或社区使用一次，并配备一组关键信息提供者。

（1）选择影响指标

使用哪些影响指标取决于评估的问题。设计项目监控系统时，可能已经确定了指标，但通常这些指标是参与式影响评估特有的。评估人员和信息提供者必须明确界定和理解指标，因为对指标含义的混淆会影响其衡量。指标还应侧重于家庭层面的最终影响，而不是初步影响。例如，干旱期间对牧区的家畜清群干预，一个影响指标可能是"出售家畜获得的现金数额"，但更好的影响指标是"出售家畜获得的现金的使用情况"。一般而言，指标的措辞越具体，就越容易理解和准确衡量影响。表 22 提供了弱影响指标和强影响指标的示例。LEGS 每一章末尾的监控评估核对表都包括每项技术干预的影响指标实例。

表 22 中的示例说明了家畜工作者中的一种常见误解，即衡量对家畜的影响就意味着自动衡量对其所有者或使用者的影响。由于项目干预措施而维持或

---

① 见 http：//www.participatoryepidemiology.info/userfiles/PE-Guide-electronic-copy.pdf.

增加家畜产量不一定能改善生计。例如，如果由于家畜饲料项目而维持了牛奶生产，则重要的影响指标与牛奶的情况有关。它是否被消耗，如果是，被谁消耗？是否出售，如果出售，如何使用现金？询问这类问题有助于确定家庭中额外牛奶未得到利用的情况（因此对生计没有影响）。使用这些方法来确定影响指标也可以透露负面影响。例如，在不安全的环境中，拥有更多家畜财产可能会使人们面临更大的武装抢劫风险。

强有力的影响指标可以是定性的或是定量的，并且在确定指标时，不应因为影响可能难以衡量而拒绝可能有效的指标。如随后所示，几乎所有指标都可以采用参与式方法加以应用，并进行交叉核对或三角测量。当考虑明显抽象的影响指标时，例如社区内的信任、妇女在社区会议中的声音、对未来的希望、尊严以及投资家畜的信心，这一点尤为重要。所有这些类型的指标都与许多家畜应急干预措施相关，如果与金融资产或粮食安全措施相结合，则有助于全面了解项目期间的变化情况。

表 22　用于影响评估的问题和影响指标示例

评估问题示例	弱影响指标*	强影响指标
商业清群 在干旱期间，该项目如何影响人们的生计？	家庭从向与项目合作的交易商出售家畜中获得的现金金额。	使用从家畜销售中获得的现金，例如用于食品、医疗保健、家畜保健或其他项目。
屠宰清群 该项目如何影响妇女和儿童的营养状况？	分配给每个家庭的鲜肉量。	妇女和儿童消费的肉量。
干旱期间的家畜补饲 该项目如何影响家庭为干旱后（灾后）恢复保留关键种畜的能力？	成年奶牛的饲料消耗量。	比较接受饲料的奶牛与未接受饲料的奶牛的死亡率。
应急兽医保健 该项目如何影响家畜饲养者的生计？	项目前后家畜疫病发病率。	家畜疫病减少导致的家庭牛奶消费量变化。
扩群干预 该项目如何影响 5 岁以下儿童的营养状况？	项目提供的山羊产奶量。	5 岁以下儿童消费的项目山羊产奶量。

＊其中一些指标也可归类为过程指标。

（2）参与式方法和归因的使用

如图 3 所示，评估产生的证据水平取决于评估的设计和用于显示归因的方法。虽然在常规研究环境中可能使用随机病例对照研究等方法，但在人道主义背景下，由于资源、后勤、伦理和技术等，这些方法并不总是可行或需要。同时，如果只在一个地点与一名信息提供者进行访谈或讨论，那么涵盖一个大区域或许多社区的评估不太可能有多大价值。因此，在应急情况或应急情况后工作的评估团队需要在使用常规、随机和具有代表性的信息提供者或地点样本与最终的信息提供者太少之间做出妥协。

尽管没有关于评估设计的明确规则，但各机构寻求摆脱轶事和特别访谈（图 3）及提出更有力的影响证据的选择包括：

* 对关键指标与对照项目监控数据结果进行前后比较分析；
* 接受和未接受干预人群的指标比较分析；
* 不同干预措施的比较分析；
* 三者的组合。

这些方法将在以下小节中介绍。这些选项中的每一个都包含比较的概念。前后设计采用回顾性基线并比较两个时间点。使用对照组的设计将对照组中的变化与干预组中的变化进行比较。对不同干预措施进行比较的前提是，可以将正在评估的干预措施与先前存在的服务、投入或其他行为体提供的服务、投入进行有益的比较。

如此多的项目侧重于衡量活动而不是影响的原因之一是，大多数活动的过程指标都是定量的，相对容易使用。在家畜饲养项目期间，很容易计算交付的干草捆数。在兽医项目中，很容易计算所提供药物的数量或价值，或接受培训的人数。相比之下，衡量影响往往意味着评估难以用传统方法的操作指标。

以表 22 为例，饲料补充项目的指标为牛死亡率。理论上，该项目的良好监控系统将测量一段时间内的牛死亡情况，因此在项目结束时，只需整理几周或几个月内收集的数据即可得出总体数字。然而，实际上这种监控在应急情况下很少进行，这就提出了如何衡量影响的问题。以表 22 中的兽医项目为例，了解家畜疫病对家庭牛奶消费的影响以及改进疫病预防或治疗如何影响这种消费将是有益的。理论上，设计一个收集所需数据的监控系统是可能的，但实际上，尤其是在应急情况下，这不太可能。

使用参与式影响评估方法可以克服在应急情况下使用常规影响测量的一些实际困难，同时也遵循了全球手册和 LEGS 项目关于让社区参与人道主义干预评估的标准。在选择和使用参与式方法时，一个关键点是几乎任何定量或定性影响指标都可以使用简单的评分或排序方法以数字方式应用。尽管一些学者可能会认为此类方法过于主观，但在流行病学和经济学研究中通常使用排名和评分来收集专家意见，并在同行评审的期刊中广泛出现。

对于家畜应急项目，使用排序或评分方法显示可衡量结果的影响指标包括：

- 在家畜饲料补充项目中，接受补充饲料家畜的身体状况和家畜死亡率；
- 在应急屠宰和肉品分配项目中，相对于其他类型的食品，当地接受新鲜或干肉的情况，如食品援助；
- 在兽医项目中，家畜疫病对生计指标的影响，例如家庭牛奶消费量；
- 在扩群项目中，改变儿童对山羊奶的消费，或提高拥有山羊的妇女的社会地位。

（3）使用前和使用后途径与方法的评估

在没有基线数据的情况下，前后参与式方法特别有用，这在家畜应急项目中很常见。以下内容描述了影响评估的两种有用的前后参与式方法：评分前后和比例累积图前后。以下是这些方法的常见特性：

- 这种方法需要前后比较，即在项目开始时测量指标的数据，然后在项目结束时再次测量。在没有基线数据的情况下，由信息提供者在时间线的协助下进行回顾性的测量，以指定项目开始的时间点。
- 这种方法是定性的。尽管用数字记录，但数字是任意的，对结果的分析通常侧重于两个时间点之间的变化和趋势，而不是数字本身。评分后，应要求信息提供者解释其评分背后的原因。这些解释是这些方法的核心部分，应该记录。
- 这些方法可适用于多种指标，包括信任、信心、能力和安全指标。
- 简单图表的使用使得该方法可用于文盲信息提供者：不需要书面文本。
- 这些方法可用于个别信息提供者或小组。它们可纳入调查问卷或作为核心小组讨论的一部分。
- 系统地重复这些定性方法可生成进行统计分析的数据集。重复不一定要广泛，可以对至少六组数据进行统计汇总和可靠性评估。
- 针对项目监控数据对结果进行三角测量，这对于验证数据非常重要。
- 需要在使用这些方法的区域对其进行预试验。方法应使用当地语言，并配备经过培训的辅助人员。当地的文化和社会规范及做法可能需要调整个别方法。

评分前和评分后——此方法要求信息提供者在干预开始时对项目或服务评分，然后在干预结束时再次评分。可以使用简单的评分系统，例如介于0（最低）和10（最高）之间的评分，也可以使用计数器，例如种子或石头。任何评分系统的一个重要部分是确保信息提供者清楚地理解被评分项目，并且评分系统清晰。插文 14 提供了使用简单评分前后的示例。

比例累积图前后——这类似于简单评分，但允许同时对多个项目进行评分和比较。该方法从 100 计数开始，因此它比 0 到 10 的简单评分方法测量得更细微。

> **⟩ 插文 14 影响评估中简单评分的使用：埃塞俄比亚由社区 CAHWs 处理和未处理骆驼疫病的影响评分变化**
>
> 在社区动物卫生工作者项目示例中，10 个来自不同村庄的信息提供者小组，从项目开始时以及 36 个月后评估骆驼疫病对其生计的影响。评分系统为 0（很低影响）至 10（很高影响）。负分值反映疫病减少，正分值反映疫病增加。该图显示了每种疫病的中位数（平均数）影响评分在两个时间点之间的变化。该图还比较了由社区动物卫生工作者处理的疫病与未由社区动物卫生工作者处理的疫病的变化影响。
>
>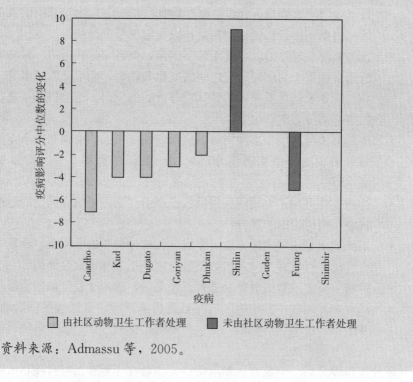
>
> 资料来源：Admassu 等，2005。

在对敏感指标进行直接测量时，比例累积图尤其有用。例如，虽然信息提供者往往不愿意说明项目前后的绝对收入水平，但他们通常愿意用比例变化来解释收入的变化，例如增加 15％或减少 5％。插文 15 和图 4 所示为比例累计前后的对比示例。

➡ 插文 15 对比前后饼图：1996—1999 年 南苏丹纳亚牛疫病的变化模式

下面饼图显示了从六个信息提供小组获得的结果。要求每小组在 1996 年开始实施一个社区动物卫生工作项目之前并参照一个时间线说出重要的牛疫病名称。要求他们从每组 100 个回答中说明疫病的相对重要性，要求提供信息者在 1999 年评估时考虑有关情况。要求利用累积图显示 1996 年的疫病情况，在每一部分中添加或去除候选疫病，或保持这些部分不动，以显示 1999 年的情况。

使用非参数检验，即肯德尔一致性系数（W）评估了六个信息提供组之间的一致性水平。这是对方法可靠性的一种度量，结果为 $W=0.61$，$p<0.01$，提供信息的组之间一致程度显著。

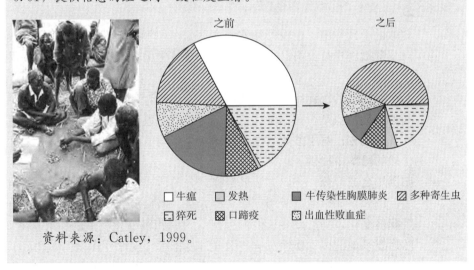

资料来源：Catley，1999。

归因问题——方法前后会受到重要偏差形式的影响，如回忆偏差。因此，方法前后应与以下五个评估组成部分结合使用：

- **时间线**——这些对于明确项目开始和结束的确切时间点（或评估时间）非常重要。

- **一致性和数据散布的测量**——当评分方法标准化并重复时，可以评估各个社区成员或群体之间的一致性水平，具体取决于该方法的使用方式。这种测量背后的假设是，如果具有相似社会经济特征的人接受了

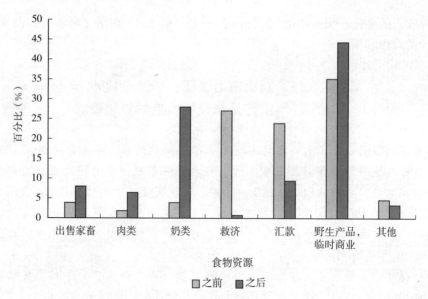

图 4　在影响评估中使用前后对比柱状图：扩群家庭食物来源的变化模式

资料来源：洛蒂拉，2004。

相似的干预措施（在设计和实施方面），他们将倾向于以相似的方式对干预措施进行评级。在抽样和统计章节中关于统计检验的段落提供了示例。

- **两个时间点的统计比较**——使用前后方法时，可以确定指标在两个时间点的测量值是否存在统计差异。对于非参数数据，使用两个中间值的统计比较；对于参数数据，使用两个平均值的统计比较。有关统计检验的段落中提供了示例。

- **归因排名或评分**——此方法最好在评分前后或比例累积图之后立即使用。例如，如果通过使用其中一种方法，信息提供者显示影响指标出现积极变化，则可以要求他们列出与这一积极变化相关的所有因素，然后要求他们按重要性对这些因素进行排序（或评分）。表 23 显示了一个例子。归因、排名或评分有助于评估人员了解社区中的变化与各种因素、过程或影响之间的关系，其中只有部分因素、过程或影响由项目控制。

- **三角测量**——在家畜应急干预措施中，由于干预措施的技术性质，可能会出现某种结果。如果干预措施在技术上设计良好、实施得当并惠及适当数量的家畜，则应产生预期结果。在影响评估中，三角测量与使用参与性方法测量的变化及项目活动的设计和实施进行比较，并确定这两组信息是否一致。虽然这在很大程度上是一个定性过程，但三角测量对于解释干预措施的影响（或缺乏影响）以及参与式方法产生结果的有效性至关重要。插文 16 中提供了三角测量示例。在本节列出的五个评估组成部分中，三角测量是最重要的。它也相对易于实施，因为关于项目设计和实施的许多信息应可从项目建议书和监控报告中获得。

表 23　埃塞俄比亚南部动物卫生改善相关因素相对重要性归因排序

牧民与改善动物卫生相关的因素	中位数排名
由于社区对现代兽医服务态度的改变，现代兽药使用率增加。	1
社区动物卫生工作者和政府动物卫生技术人员每半年接种一次传染病疫苗。	2
良好的降雨和更好的可用性牧场。	3
由于增加安置场所，降低了畜群流动性和畜群混杂。	4

注：$N=10$ 个信息提供组；$W=0.75$，$p<0.001$。
资料来源：Admassu 等，2005。

> ➡ **插文 16　三角测量和因果关系：家畜接种疫苗实例**
>
> **实例：疫苗接种有效**
>
> 在 1999 年对苏丹南部兽医干预措施进行的一次参与性评估中，一种比例累积图前后表明，牛瘟的发病率急剧下降。插文 15 显示了这一变化，其中"之前"饼图中的红色部分在"之后"饼图中消失。
>
> 为了对这一结果进行三角测量，评估人员检查了前三年的牛瘟疫苗接种记录，并评估了期间疫苗接种计划的设计和实施情况。基于这一评估，团队中的兽医得出结论，认为已正确进行了疫苗接种，从生物学角度看，牛瘟疫情预计将大幅减少。因此，参与式方法的结果与干预的技术检查一致。根据牛瘟监控数据对结果进行了进一步的三角测量，结果显示前两年该地区没有暴发牛瘟。
>
> 资料来源：Catley，1999；Catley 等，2009。

（4）基于对照的途径和方法

许多读者已经熟悉了对照组的概念，因为它通常出现在科学研究的设计中。然而，在人道主义情况下，对照组的概念是有问题的，因为它意味着故意将人排除在作为对照的干预之外，这与人道主义原则相矛盾。此外，即使可以确定具有与干预组类似的社会经济特征的对照组，应急期间，在一个地区工作的机构对其他地区的其他行为者运行项目的控制也是有限的，换句话说，无法控制对照组。对于仅仅侧重于疫病控制具体方面的研究，有各种研究设计选项来处理对照领域的可变条件，但这些方法超出大多数人道主义机构的技术专长。

尽管在应急情况下影响评估中使用对照组普遍受到限制，但就家畜干预措施而言，往往可以在项目或邻近地区确定一个对照组。一些家畜干预措施的目的不是针对所有家畜，而只是针对家畜种群的一个子集。例如，在干旱开始时的商业清群项目通常并不旨在将一个地区的所有家畜迁移，而是在提供现金转账以保护核心畜群的同时支持一些销售。由于特定的技术策略、针对更弱势家庭或受资源限制，针对某些家畜采取饲料或兽医干预措施。在扩群项目中，经常可以将引进家畜家庭的成效与未引进家庭的成效进行比较。

匹配是使用对照组分析影响评估设计的一项重要原则。这意味着用作对照的地区、住户或个人（人或动物）应尽可能与干预地区、住户或个人匹配。对照组和干预组应具有相似的生态和社会经济特征，并在相似的政治和行动背景下面临相似的危机或应急情况。

如果可以满足对照组的标准，则与其他方法相比，这种评估设计方法可以产生相对高水平的证据（图 3）。此外，基于对照的评估不一定需要大样本量或复杂的采样程序，结果可以使用相当简单的统计检验进行分析。

基于地区的对照组——当影响评估涉及有干预和无干预的地区时，对照地区的失望可能是偏差的来源，因为人们知道他们被排除在援助之外。这可能是一个难以处理的问题，因为信息提供者可能夸大响应，目的是在将来的危机中吸引支持。因此，在家畜应急项目评估中使用的对照组常常最好在项目区内寻找，而且社区通常知道某些家畜或家庭由于技术或资源原因而被排除在干预措施之外。基于地区的方法还涉及后勤和资源问题，因为必须为进入对照区分配时间和资金。在一些人道主义危机中，这些制约因素是主要关切，妨碍了评估设计。

项目内对照小组——理想情况下，家畜干预措施的设计应基于与社区成员和代表们的有效协商，正如全球手册和 LEGS 所建议的。快速参与性评估和社区主导的受援者选择等活动有助于确保参与性和透明度。在这种情况下，当地人很清楚项目的局限性，例如所选择的家庭数量，以及一些符合选择标准的家庭因资源限制而被排除在外。家畜饲养者或使用者还应了解干预措施的技术原理，有些项目并不是为了惠及所有类型的家畜。

在其他情况下，家畜饲养者可能选择不参与特定的干预措施，例如疫苗接种计划，或者可能只选择某些动物进行疫苗接种，而不是选择整个畜群。同样在埃塞俄比亚，设计了干旱期间疫苗接种项目的影响评估，其依据是在给定区域内，一些家畜接种了疫苗，而另一些没有接种。结果见表24。

表 24 项目内对照组的使用：埃塞俄比亚已接种和未接种疫苗的
阿法尔放牧牛群的死亡率

家畜种类和疫病	平均死亡率（%）（95%置信区间）			
	正常年份		干旱年份	
	接种疫苗的	未接种疫苗的	接种疫苗的	未接种疫苗的
牛数量 **(n＝60 头)**				
炭疽	1.7 (0, 3.39)	1.7 (1.09, 2.38)	0.9 (0, 2.13)	2.5 (1.17, 3.89)
黑腿病	0.6 (0, 1.50)	0.9 (0, 2.07)	1.3 (0, 2.76)	0.2 (0, 0.47)
巴氏杆菌病	1.4 (0.19, 2.64)	0.5 (0.23, 0.86)	4.3 (1.55, 7.13)	2.2 (0.73, 3.60)
牛传染性胸膜肺炎	3.4 (1.13, 5.71)	2.4 (1.59, 3.15)	na	3.8 (2.88, 4.79)
绵羊和山羊数量 **(n＝60 只)**				
炭疽	na	0.4 (0.01, 0.729)	0 (0, 0)	0.8 (0, 1.66)
巴氏杆菌病	na	1.1 (0.61, 1.66)	5.2 (2.05, 8.33)	2.4 (1.11, 3.71)
羊传染性胸膜肺炎	na	2.5 (1.36, 3.64)	na	4.1 (3.06, 5.17)

注：na＝不适用/未接种疫苗。

资料来源：Catley 等，2014。

第三种项目内对照来自干预措施本身的技术特点。例如，在使用社区动物卫生工作者的兽医项目中，他们的任务可能是仅选择重要疫病治疗，而不是治疗所有疫病。假设由社区动物卫生工作者处理的疫病对生计的影响降低，把社区动物卫生工作者未处理的疫病作为对照。

与评估设计前后一样，基于对照的评估应包括具有项目设计和监控信息的三角测量。尽管统计分析对对照组和干预组的影响可能表明干预措施与影响之间存在关联，但这应得到（或得不到）项目设计和活动水平的技术评价支持，以及基于因果关系的生物学推理的支持。

（5）使用矩阵评分比较不同的干预措施、服务或项目

矩阵评分允许将一组项目、干预措施或服务与一组特征或指标进行比较。当项目没有基线或没有标准来衡量干预措施时，该方法很有用。当机构实施多种干预措施时，该方法可以比较这些干预措施。与简单评分和比例累积图一样，矩阵评分的一个重要方面是论证信息提供者解释其评分。

表 25 影响评估中矩阵评分的使用：埃塞俄比亚南部干旱期间家畜和其他干预措施的比较

指标	干预措施平均评分（95% 置信区间）							
	清群	兽医支持	动物饲料	食物援助	供水	劳动力（保障）	信用	其他
"帮助我们应对干旱的影响"	9.1 (8.5, 9.7)	3.5 (3.2, 3.9)	5.7 (5.1, 6.2)	6.9 (6.5, 7.4)	3.0 (2.4, 3.6)	0.8 (0.5, 1.1)	0.5 (0.2, 0.8)	0.4 (0.2, 0.7)
"帮助畜群快速恢复和重建"	11.1 (10.5, 11.7)	4.4 (3.9, 4.9)	5.7 (5.0, 6.3)	4.9 (4.4, 5.6)	1.9 (1.5, 2.4)	0.9 (0.5, 1.4)	0.6 (0.1, 1.1)	0.4 (0.1, 0.7)
"帮助家畜存活"	10.3 (9.5, 11.2)	4.9 (4.4, 5.4)	8.9 (8.1, 9.7)	2.3 (1.8, 2.8)	2.8 (2.2, 3.5)	0.2 (0.1, 0.4)	0.3 (0.1, 0.6)	0.2 (0.0, 0.4)
"更好地拯救人们生活"	10.3 (9.5, 11.2)	2.4 (1.9, 2.8)	3.7 (3.1, 4.3)	8.8 (8.1, 9.6)	3.6 (2.9, 4.3)	0.9 (0.5, 1.3)	0.5 (0.2, 0.9)	0.2 (0.0, 0.4)
"低收入人群体受益最大"	7.6 (6.7, 8.6)	1.9 (1.6, 2.3)	3.2 (2.5, 3.8)	11.0 (10.1, 11.9)	3.7 (2.8, 4.3)	1.6 (0.9, 2.2)	0.7 (0.3, 1.1)	0.5 (0.1, 0.8)

（续）

指标	干预措施平均评分（95% 置信区间）							
	清群	兽医支持	动物饲料	食物援助	供水	劳动力（保障）	信用	其他
"被社会和文化所接受"	11.5 (10.6, 12.4)	5.1 (4.7, 5.6)	5.8 (5.1, 6.4)	3.4 (2.8, 3.9)	2.6 (2.1, 3.2)	0.9 (0.5, 1.4)	0.3 (0.1, 0.5)	0.3 (0.1, 0.5)
"及时和可用"	8.4 (7.8, 9.0)	3.3 (2.9, 3.7)	4.3 (3.9, 4.6)	8.5 (7.9, 9.1)	3.5 (2.8, 4.1)	1.2 (0.7, 1.7)	0.5 (0.2, 0.8)	0.3 (0.1, 0.5)
整体偏好	10.6 (9.9, 11.2)	4.2 (3.8, 4.6)	6.2 (5.5, 6.9)	4.7 (4.1, 5.2)	2.6 (2.1, 3.2)	1.0 (0.5, 1.5)	0.4 (0.1, 0.6)	0.3 (0.1, 0.6)

注：n=114户家庭，用30颗石子标识每一指标的矩阵评分结果，平均分（95%置信区间）显示在每一小格中。黑点代表矩阵评分中所用用的石子。

资料来源：Abebe 等，2008。

表 25 提供了矩阵评分示例。其目的是比较不同机构在埃塞俄比亚牧区干旱期间采用的不同干预措施，并研究针对未来干旱的可能干预措施组合。

（6）抽样和统计

本手册不能完全涵盖抽样方法、样本量和统计分析的技术方面，读者可参考标准流行病学和社会科学文献，了解各种选择的详细描述。显然，很少对人道主义危机中家畜干预措施的系统进行影响评估，这可能是因为在应急情况下应用常规抽样和统计分析存在实际困难。下文并非旨在就评估设计的这些方面提供权威性指导，而是基于现场的实际评估和在某些操作和资源限制下证明可行的办法。

抽样方法和样本量——当设计一个影响评估时，机构工作人员经常受到太多选择和关于抽样方法和样本量问题的阻碍：应如何选择信息提供者，以及选择多少？普遍的看法是，科学或严格的评估需要从提供信息者中随机抽取大量样本，因此超出了大多数执行机构的资源和技术能力。然而，正如本手册中的多个实例所示，抽样方法取决于评估中提出的问题、所需的证据水平和评估设计。在一些评估中，通过对少数干预措施和对照组进行比较，可以得出证据的合理比重（表 25）。因此，即使对于资源有限的当地非政府组织，也可以进行有用的影响评估。在某些案例中，结果已在同行评审的期刊上发表，表明已对这些评估实施了一定程度的独立质量控制。

在理想情况下可使用随机抽样，因为它产生的样本具有代表性且无偏倚。这是许多科学研究的首选方案，因为它具有客观的样本选择过程，而且样本的结果可以外推至从中抽取样本的更广泛群体。尽管有这些好处，但用于计算样本量的数学公式通常包含判断性要素，比如相关群体的预期变化水平。通常，变化水平越高，在指定的统计置信水平内检测变化所需的样本量越小。然而，样本量计算中使用的误差水平基于统计惯例，因此有可能产生具有统计学意义但在生物学上不相关的结果，反之亦然（插文 17）。

> ➲ **插文 17　扩群项目中统计显著性与营养和生计显著性的比较**
>
> **例 1：儿童饮奶项目**
>
> 假设衡量补充绵羊和山羊前后家庭中五岁以下儿童的绝对牛奶消费量。评估采用随机抽取 50 户、200 名儿童的方法。结果分析表明，儿童牛奶消费量增加，但就体积而言，相对于项目前的情况，增加量没有统计学意义。评估人员最初的结论是，扩群干预对改善儿童营养效果不显著。

　　然后评估人员更详细地查看了儿童饮用的山羊奶量，并根据重要常量和微量营养素推荐的每日摄入量分析了这一数据。该分析表明，就关键微量营养素而言，项目前的羊奶平均消费量不足，而项目后的平均消费量确实达到了每日摄入量，而且这些微量营养素无法从其他食物来源获得。在未进行进一步统计分析的情况下，评估人员得出结论，认为引进家畜对儿童营养发挥了有用的贡献。

　　这个实例提出了许多评估设计问题，包括在设计阶段提出正确问题的重要性。然而，它也表明，从羊奶量的统计分析来看，羊奶消费量的变化不显著，但从儿童营养来看，具有重要的临床意义。

例2：家畜、发言权和地位

　　假设一个引进动物项目向贫穷的女性户主家庭提供6只母绵羊和山羊，作为冲突后恢复方案的一部分。采用前后评分法，对12组妇女进行项目前后家畜销售收入比较。结果显示，12个月期间家畜收入没有发生具有统计学意义的变化。在项目工作人员和女性参与者参加的反馈会议上，评估人员解释说，该项目没有影响的原因是，妇女们确认她们尚未出售其动物的任何后代或牛奶。然而，她们也对评估人员的结论提出质疑。她们解释说，绵羊和山羊的所有权使她们得以在社区中恢复重要的社会关系，在社区会议上代表自己，并获得当地服务提供者的信贷。她们认为，自项目启动以来，他们的生计已有显著改善。

　　随机抽样突出了干预措施的性质、可能产生的影响和操作背景的重要性。对于大多数应急干预措施，还需要定性解释和洞察力，以提供定量分析背后的理由。附录4B提供了计算样本量的公式。

　　在考虑不同的抽样选项时，表26总结了三种主要抽样方法。

表26　评价和影响评估的抽样类型

抽样类型	描　　述	全部或部分使用此方法的评估
随机抽样 （概率抽样）	基于任何地点或信息提供者 被选择的机会均等的原则	埃塞俄比亚商业化清群 （Abebe 等，2008）
	通常被视为最具代表性的抽样类型，因此也是最 严格的	引进动物，肯尼亚（Lotira， 2004）
	允许将样本的结果外推至更大的项目区域	兽医服务，阿富汗（Schreuder 等，1996a；1996b）

（续）

抽样类型	描　述	全部或部分使用此方法的评估
	能在有目标家庭名单和所有选定地点或家庭均可进入的人道主义背景下使用	
	使用数学公式确定样本量，其中包括所需的统计置信水平（误差）和相关人群中变化量的预期	
	与其他方法相比参与性趋向于较低	
	随机化可能会遗漏关键的信息提供者，即对某个领域或项目具有特定知识的个人	
目的性抽样（非概率抽样）	利用社区代表、项目工作人员或评估人员的判断来选择有代表性的地点和信息提供者	埃塞俄比亚兽医服务（Admassu 等，2005）
	当没有采样模式可用时非常有效	饲料补充（Bekele 和 Abera，2008）
	如果实施良好，且描述并遵循了明确的抽样标准，则为中度严格	
	可包括对被判断为执行不力、中等或强有力的领域的影响进行比较	
	如果社区成员参与选择评估地点和信息提供者，则可能是参与式的	
	易受偏见影响，特别是偏向更成功的项目地区或家庭	
方便抽样（非概率抽样）	样品容易进入的位置或信息提供者	各种评估
	最不严格的抽样选择，不太可能具有代表性，尤其是在较大的项目中	
	常用，尤其是在道路交通不畅的潮湿季节或不安全地区	

在人道主义情况下，可能不需要随机抽样进行家畜干预措施的影响评估，有目的的抽样就足够了。例如，在评估中，将调查结果外推至更广泛的地区不是一个优先事项，或者安全问题阻碍了访问或阻碍了与当地民众的有意义互动。对于存在项目内对照组的某些评估，干预组和对照组的比较可能涉及至少 10 个有选择目的的匹配组，并使用常规非参数统计检验分析结果。使用这种方法时，样本量通常由统计检验和达到统计显著性水平所需的重复

次数决定。

(7) 统计检验

以下是在人道主义情况下使用统计检验进行影响评估的三项主要原则：

- 使用的统计检验越复杂，机构工作人员或社区成员理解结果的可能性就越小，学术界或研究人员就越有可能以方法不当为由对调查结果提出异议。
- 对于采用随机抽样和相关样本量设计的评估，假设数据呈正态分布，并使用参数统计检验。
- 对于采用有目的抽样和小样本设计的评估，假设数据不是正态分布，并使用非参数统计检验。

本文提供一个实例：

兽医服务评估（Admassu 等，2005）——在 30 个易受干旱影响的村庄实施了一个社区动物卫生工作项目。影响评估是根据 10 个村庄的有目的抽样设计的，每个村庄都有小组讨论。在每个村庄采用前后评分法，要求各组信息提供者对项目前后重要家畜疫病的总体生计影响进行评分。评分汇总为中位数评分，并以图形显示（插文 14）。采用非参数检验对社区动物卫生工作者处理和未处理的疫病进行评分比较。结果显示，社区动物卫生工作者处理的小反刍动物、牛和骆驼疫病的生计影响评分显著降低。相比之下，对于社区动物卫生工作者未处理的疫病，生计影响评分有显著变化。

使用矩阵评分法对结果进行三角测量，要求信息提供者使用指标列表比较不同的兽医服务提供者。结果汇总为中位数得分和范围，并使用非参数检验，肯德尔一致性系数（W）评估 10 组信息提供者之间的一致性水平（表 27）。

表 27　服务提供者评分汇总矩阵表

指标	服务提供者的中位数分值（范围）				
	政府兽医服务	药物经销商（黑市）	传统医学	社区动物卫生工作者	其他
"服务离我们很近，所以我们的动物很快就会得到治疗"（W＝0.69***）	11（6～5）	0（0～16）	0（0～2）	15（7～22）	0（0～0）
"服务始终有药物可用"（W＝0.94***）	2（2～6）	8（4～10）	4（2～6）	14（10～20）	1（0～4）

（续）

指标	服务提供者的中位数分值（范围）				
	政府 兽医服务	药物 经销商（黑市）	传统医学	社区动物 卫生工作者	其他
"药品质量良好" （$W=0.66^{***}$）	7（1~10）	4（2~13）	4（3~9）	12（7~19）	0（0~2）
"如果我们使用此服务，我们的动物通常会康复" （$W=0.73^{***}$）	1（1~3）	5（1~17）	4（2~8）	19（6~23）	2（1~3）
"我们从服务提供者处获得了很好的建议" （$W=0.62^{***}$）	1（0~4）	7（1~10）	7（3~9）	12（5~15）	4（2~14）
"这项服务可以治疗我们所有的动物健康问题" （$W=0.69^{***}$）	5（3~12）	4（0~15）	9（0~18）	11（5~23）	0（0~0）
"此服务负担得起" （$W=0.76^{***}$）	0（0~6）	6（0~19）	4（2~10）	18（4~24）	2（0~2）
"我们信任此服务提供者" （$W=0.62^{***}$）	0（0~11）	7（0~11）	4（2~7）	16（5~18）	2（1~5）
"社区支持此服务" （$W=0.54^{**}$）	0（0~0）	3（0~16）	7（4~12）	15（4~23）	0（0~9）
"服务使用量增加" （$W=0.62^{***}$）	3（0~11）	0（0~3）	3（0~9）	20（5~24）	2（0~5）

注：信息提供者数量＝10；W＝肯德尔一致性系数（ ** $p<0.01$ ； *** $p<0.001$ ）。W 值从 0 到 1 不等；价值越高，信息提供者之间的一致水平越高。

资料来源：Admassu 等，2005。

（8）分析、反馈和报告

参与性影响评估中的一个重要步骤是对关键信息和结果进行初步分析和整理，然后与当地利益相关方讨论并核实结果。此步骤至少有两方面好处：

1）与社区成员和当地项目或政府工作人员分享结果有助于避免所看到的

怨恨，例如，当评估团队收集了大量信息但没有将报告发回给现场人员时。

2）可以通过本地反馈会议来核实临时结果，并及时提供进一步信息来解释结果。

反馈可在项目地点的研讨会上进行，并应考虑首选当地语言以及对某些类型信息和演示文稿的熟悉程度。通常应避免复杂的统计分析和结果，大多数结果可在挂图或宣传册上进行汇总。在进行反馈和核实过程之后，编制并分发最终报告。报告撰写的详细指导见附件4C。

10.5 成本效益分析

10.5.1 成本效益分析的作用

成本效益分析是一种预测或衡量投资经济效益的工具，例如资助者对家畜应急项目的捐款。成本效益分析用于衡量和评价干预措施在帮助受援者方面的益处，并将这些益处与干预的成本进行比较。就人道主义背景下的家畜干预而言，一些效益相对容易量化，因为家畜具有市场价值，生产的牛奶等物品也具有市场价值。然而，这些干预措施带来的许多重要生计利益难以用货币来衡量。其中包括各种类型的社会资本，如地方网络和关系；人类福利的各个方面，如信心或尊严。此外，一些家畜干预措施可以带来好处，例如在应急期间，帮助维持当地市场或服务提供者，但这些也难以量化。因此，不应将成本效益分析作为一个独立的工具，而应将其作为评价或影响评估的有益补充。

10.5.2 途径、方法和实例

作为评价或影响评估的一部分，成本效益分析要求对效益和成本进行估计。效益估计通常侧重于可合理置信地分配货币价值的影响类型。在家畜项目中，这包括减少家畜死亡（例如在补充饲养或兽医干预中）、从家畜销售中获得的现金（例如在商业化清群、屠宰清群或扩群干预中）以及从牛奶或鸡蛋等家畜产品销售中获得的现金（例如在引进动物项目中）。

为了量化这些类型的影响，来自影响评估和项目监控报告的数据非常有用，下文提供了两个实例。可以从项目预算、支出记录以及工作人员时间和机构间接费用的估计数得出成本效益分析的成本估计数据。由于所有这些费用在大多数组织的例行财务报告系统中通过相同或不同的形式出现，这种信息通常较易获得。

例1：从项目监控数据中估计效益（Abebe等，2008） 在干旱期间的一个商业化清群项目中，组织交易商向牧民购买牛只。项目监控数据表明，每个参与的家庭平均从出售家畜中获得186美元，向所有项目地区的家庭转账现金总额为101万美元。该数字被用作干预措施的已知货币收益。表28展示了成本效益分析计算的详情。

表 28 　埃塞俄比亚莫亚莱沃莱达的商业化清群干预措施的
大约成本效益比率

收益（美元）	成本	
	项目	成本（美元）
以平均每头 438EB（50.34 美元）的价格购买 20 000头牛，需要转移支付 8 760 万 EB（101 万美元现金）	拯救儿童的费用：	
	工作人员薪水	5 090
	车辆费用	7 472
	研讨/会议	1 150
	临时雇员	542
	每日津贴	161
	管理支持	100
	小计	14 515
	美元经常性开支 @17%	2 468
	总成本	16 983
	市场营销部门成本：	
	人员和车辆供应（估计数）	7 500
	费用共计	**24 483**

注：成本效益估计的计算方法是用购买牛所得现金转账的价值除以各执行机构的总费用。
因此，成本效益为：1 010 000 美元/24 483 美元＝41：1。
购买牛数量为 2 万头，是根据参与清群的两名商人估计得出的。
向交易商提供了两笔价值 5 万美元的贷款。这些款项已全部偿还，因此不包括在费用中。

例 2：从影响评估数据中估计效益（Bekela 和 Abera，2008）牛补饲项目的影响评估包括对已饲喂和未饲喂牛的死亡率估计。然后将这两组牛的死亡率差异用作可能与饲料项目相关的效益。该评估还检查了饲养牛和未饲养牛的身体状况差异，并为饲养中心牛的身体改善状况分配了市场价值。其他好处包括饲养中心的奶牛生产的牛奶和牛犊；饲养中心外的奶牛无奶，无法分娩牛犊。表 29 显示了其中一个不太成功的饲养中心的详细成本效益分析的结果。

当解释成本效益分析的结果时，正的成本效益比率是指效益超过成本的比率。第一次查看时，相对于成本的高水平效益表明项目在经济上效益显著。然而，在比较不同的干预措施时，考虑它们如何受到成本或效益变化的影响也是有益的，例如，一项干预措施能否承受实施过程中可能出现的成本增加和效益减少的情况。干预措施不仅应实现明显的成本效益，还应在当地市场条件波动的情况下保持稳健。敏感性分析是一种用于预测投入成本上升或效益下降时成本效益比率变化的工具。表 30 的示例使用了表 29 的成本效益比率。结果表明，虽然干预措施的成本效益比相对较低，为 1.76：1，但干预措施是相当稳健的，当饲料价格上涨 20% 或牛和牛奶市场价值下降 20% 时，效益仍为正。

表 29　网络饲养中心补饲的成本效益分析

项目	金额（美元）
成本	
牛饲料成本＝67 天×800 头牛	17 900
饲料的运输成本	13 326
装卸成本	0
车辆租金	260
普查员和社区动物卫生工作者费用	507
非政府组织技术和管理工作人员费用	666
其他成本	1 038
非政府组织杂项开支	3 369
费用共计	36 067
效益	
饲养中心避免的牛损失价值＝(对照组死亡率—喂养组死亡率)×163 美元[①]	13 040
奶牛身体状况改善的价值（2008 年 5 月底）＝条件改善的饲养牛的数量×109 美元[②]	44 616
牛奶价值＝3 664 升×0.33 美元，在饲养中心饲养超过 67 天[③]	1 209
在饲养中心分娩和存活的牛犊价值＝118 头×54.30 美元[④]	6 407
共计效益	**65 272**
成本效益比	1.8：1

注：①估计牛的市场价值为 163 美元/头。
②贫困和中等条件下牛的价格差异；在干旱期间，未饲养的牛的状况没有改善。
③测量饲养过的奶牛所产的奶量，乘以奶的市场价值。
④饲养奶牛所产牛犊的市场价值；在干旱期间，未饲养的母牛无法养活小牛。

表 30 网络饲养中心补饲的成本效益敏感性分析

牛死亡率、饲养条件和成本的变化	成本效益（相对于现场模型的比例变化）				
	现场模型	干旱结束时牛和牛奶的市场价值			
		增长 10%	增长 20%	减少 10%	减少 20%
现场模型	1.76	1.94（10%）	2.11（20%）	1.58（−10%）	1.41（−20%）
牛死亡率					
增长 10%	1.66（−5.7%）	1.82（3.5%）	1.99（13%）	1.49（−15.3%）	1.32（−25%）
增长 20%	1.55（−11.9%）	1.70（−3.5%）	1.86（5.7%）	1.39（−21%）	1.24（−29.5%）
牛的身体状况					
增长 10%	1.88（6.8%）	2.07（17.6%）	2.26（28.4%）	1.96（11.4%）	1.51（−14.2%）
增长 20%	2.00（13.6%）	2.20（25%）	2.4（36.4%）	2.07（17.6%）	1.6（−9.1%）
饲养成本					
增长 10%	1.67（−5.1%）	1.84（4.5%）	2.01（14.2%）	1.50（−14.8%）	1.34（−23.9%）
增长 20%	1.59（−9.7%）	1.75（−0.6%）	1.91（8.5%）	1.43（−18.8%）	1.27（−27.8%）

资料来源：Bekele 和 Abera，2008。

10.6 结论

在建立 LEGS 期间使用的回顾程序表明，缺乏对家畜应急项目的循证评价或影响评估。尽管一系列组织和方法方面的挑战倾向于阻碍影响评估，但越来越多的方法和手段使利益相关方能够超越轶事和特别访谈，迈向更系统和更有说服力的方法。这一最新趋势的核心是将参与性影响评估作为一种灵活的方法，将本地知识和认知的优势与稳健的方法、分析和交叉检查相结合。有必要进一步应用和使用这些方法，并与社区合作评估灾害中的家畜项目，并将结果纳入未来项目，继续完善最佳实践。

附录 1　家畜清群/扩群：体况评分

牛的体况评分

状况分值 1
脊椎骨突出
臀部和肩部突出
肋骨清晰可见
尾根部凹陷
身体骨骼突出在外

状况分值 2
脊椎骨清晰可见
肋骨微弱可见
尾根部轻微凹陷
瘦骨嶙峋

状况分值 3
脊椎骨微弱可见
肋骨基本看不到
尾根部不凹陷
身体基本匀称

状况分值 4
脊椎骨不可见
肋骨包裹较好
尾根部轻微突出
身体圆润

状况分值 5
脊柱骨展示出沉积脂肪
肋骨包裹很好
尾根部十分突出
身体突出富含脂肪

资料来源：http：//www. daff. qld. gov. au/ data/assets/pdf _ file/0015/53520/Animal-HD-Investi-gation-Condition-scores. pdf。

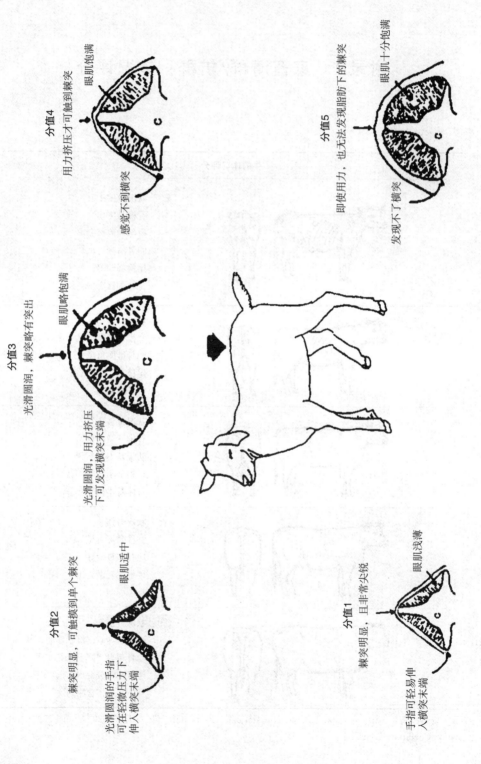

分值3

光滑圆润，棘突略有突出

眼肌略饱满

光滑圆润，用力挤压
下可发现横突末端

分值4

用力挤压才可触到棘突

眼肌饱满

感觉不到横突

分值5

即使用力，也无法发现脂肪下的棘突

眼肌十分饱满

发现不了横突

分值2

棘突明显，可触摸到单个棘突

眼肌适中

光滑圆润的手指
可在轻微压力下
伸入横突末端

分值1

棘突明显，且非常尖锐

眼肌浅薄

手指可轻易伸
入横突末端

194

驴的体况评分

1. 差		
2. 中等		
3. 好		
4. 胖		
5. 非常胖		

资料来源：http://www.gov.scot/publications/2007/10/16091227/4。

马的体况评分

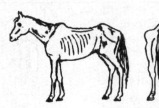

状况分值 1

臀部下陷

身体后 1/4 部分极度消瘦

尾根部凹陷

肋骨凸出

脊柱和臀部骨头凸出

脖子凹陷，又窄又松

身体骨骼突出在外

状况分值 2

脊椎两侧的臀部明显

依然可见消瘦

肋骨轻微可见

窄而结实的脖子

脊椎骨可见

状况分值 3

臀部圆润

肋骨容易摸到

脖子结实，无隆起

状况分值 4

非常圆润的臀部

有背沟

肋骨和盆骨很难发现

颈部有轻微隆起

状况分值 5

膨大的臀部

背沟很深

肋骨不可见

颈部隆起明显

有明显的脂肪皱褶和团块

资料来源：http：//www. daff. qld. gov. au/ data/assets/pdf _ file/0015/53520/Animal-HD-Investi-gation-Condition—scores. pdf。

附录 2A 兽医支持：临床兽医服务
——常用药

兽医师和助理兽医师等专业人员开展工作时需要基础医疗用品和设备。下文概述了家畜治疗的常用药物，并提供部分畜种的信息。由于部分药物对某些畜种可能造成危险，必须确保对不同畜种使用正确药物，这同样适用于设备——**采购和使用药物时必须听从兽医的建议，下面注释仅作为一般的指南。**兽医人员使用药品和设备必须遵守各国的具体规定，兽医人员需要经常查阅药物处方，以确保特定动物使用正确的药品、剂量。

（1）抗生素

抗生素使用时要重点考虑耐药性问题，使用剂量不足或抗生素滥用都会增强微生物耐药性。

- **30%土霉素**是常见的长效广谱注射用抗生素，可用于大小反刍动物的治疗。可以用于治疗细菌引起的肺炎、出血性败血症、炭疽、乳腺炎和子宫炎等细菌性疫病；也可用于治疗血液寄生虫和肠道寄生虫引起的疫病，如巴贝斯虫病（蜱热）、东海岸热、球虫等。30%土霉素可用于所有动物和鸡，但由于其可造成马注射部位坏死，不能直接用于马匹的治疗。土霉素可以使用不同浓度，可制成注射溶液、口服粉剂、软膏、局部粉剂或喷雾剂等多种剂型。

- **5%或10%土霉素**可应用于马的治疗，但由于有效时间较短，需要多次注射。可用于治疗呼吸道疫病和血液寄生虫引起的疫病。

- **青霉素**是一种窄谱抗生素，常与链霉素联用以扩大抗菌谱。可使用青霉素治疗的疫病包括：创伤、呼吸道感染、破伤风、炭疽、乳腺炎、炭疽、子宫炎、脓肿和足部腐烂等。可制成注射针剂、阴道药栓或乳内制剂。青/链霉素可用于治疗反刍动物、猪和骆驼。

- **甲氧苄胺嘧啶**是一种广谱抗生素，通常与磺胺类抗生素联合使用，磺胺类抗生素常用于治疗马匹，可有效治疗溃疡性淋巴管炎、尿路和呼吸道感染。

- **马**在注射抗生素时经常会有副反应（疼痛、肿胀），因此只能使用推荐的几种抗生素，口服抗生素是马的首选治疗方法，不能使用油基注射抗生素。

- **骆驼**的最大问题是许多抗生素没有对其使用剂量说明。在没有说明的情况下可参照牛的说明书使用。

- **抗生素眼膏**（不含类固醇）可用于治疗所有动物眼部感染。由于类固醇会加重角膜溃疡，因此含有类固醇的抗生素不能用于此类疫病的治疗。

（2）消炎药

- **莨菪碱**是一种抗痉挛药，有时与止痛剂二吡喃酮（一种非甾体抗炎药）联合使用，可治疗马的绞痛，也可治疗牛的腹泻。

- **氟尼辛和美洛昔康**可用于治疗马的绞痛、马和反刍动物的跛足等疫病。

- **苯丁氮酮**通常用于治疗马的跛足，对于马科动物口服制剂比注射剂效果更好。

（3）抗寄生虫药（内用和外用）

①驱虫药

虽然苯并咪唑类药物的抗药性十分普遍，但仍广泛使用。它们包括：

- **阿苯达唑**可用于控制反刍动物、马匹和骆驼消化系统中的蛔虫和成年肝吸虫，可制为液体制剂或丸剂。

- **芬苯达唑和甲苯达唑**都能控制马和骆驼消化系统中的蛔虫，芬苯达唑也可用于治疗反刍动物和马的肺吸虫。

其他常用的驱虫药包括：

- **左旋咪唑**可用于控制反刍动物消化道的大多数蛔虫和眼虫。它对肠道寄生虫的效果不如阿苯达唑，不能控制吸虫。可作成口服液制剂和注射剂。

- **伊维菌素**可用于治疗多种外部（尤其是疥疮）和内部寄生虫，但价格较高。可作反刍动物、猪和骆驼用皮肤注射剂、灌注制剂或马用口服制剂。

- **哌嗪**对家禽中的蛔虫具有活性，可添加在饲料或水中使用。

②杀虫剂

- **马拉硫磷**对各种体外寄生虫有效，如螨虫、跳蚤、蜱和虱子，通常用作家禽的除尘粉。

- **杀螨剂**主要用于控制反刍动物体内的蜱虫，可做成液体浓缩制剂，稀释喷洒、浸泡、液体倾注、溶解于水或外用软膏。**溴氰菊酯**是一种常用的喷淋制剂（商品名为 Spot On®，Butox®）。**胺三氮螨**（商品名为 Aludex®，Tacktic®）是一种常用的喷雾或洗涤制剂。

- **马匹很容易中毒，甚至被某些杀虫剂致死**，例如阿米特拉斯会引起严重的绞痛。**六氯化苯**（商品名为 Gammatox）可以安全地用于马匹疥疮处理。

抗原生动物药物

- **锥虫酸**是用于治疗锥虫病的药物。其中一些药物为管制药品，只能从少数合法来源获得。有几种不同的药物可供选择，乙二胺®（溴化氢溴酸钠）、异戊胺（氯化异戊胺）和贝雷尼（二甲萘嗪）以及西美拉散（美拉沙明）可用于骆驼。这些药物可以是可注射的（液体或粉剂）或口服小药片。乙醯胺、贝雷尼和三氯乙烯可以用在牛身上，也可以小心地用在马匹身上（马匹的耐受水平比牛低，并且可能有严重的注射部位反应）。

- **二丙硫脲酰亚胺脲**（Imizol®）：用于治疗血液中原生动物引起的无浆体病和巴贝斯虫病。治疗马匹时应特别小心，因为这些药物的治疗范围很窄，应征求专家意见。

- **多种维生素**：这些通常作为注射制剂，当与均衡饮食结合使用时，有助于虚弱动物的康复。

- **治疗绞痛和便秘的药物**：需根据动物类型选择使用。液体石蜡、亚麻籽油、硫酸镁和蓖麻油等可用于马科动物的绞痛。硫酸镁（爱普生盐类）也可用于缓解反刍动物的肿胀和治疗食物中毒的动物。绞痛通过胃管给药时，需要兽医或熟练的兽医助手进行插管给药。

- **防腐剂**：常用的包括碘酊（最高浓度为 0.1％）、沙夫隆、工业酒精和龙胆紫，可根据使用的药物情况来清洗或治疗伤口。盐水（1 升水中放两茶匙）是清洁伤口的一种既便宜又有效的方法。

- **凡士林**是治疗伤口、压疮和蹄破裂的廉价方法。

- **氧化锌软膏**有助于处理清洁后的伤口。

- **酒精/医用酒精**用于清洁设备。

附录 2B　兽医支持：临床兽医服务——基层动物卫生工作者医药箱配备

以下是基层兽医使用的兽药建议清单。本文中有关基层兽医作用和责任的建议仅适用于承认基层兽医地位的国家。此外，基层兽医实际使用的药物应符合所在国家的法律法规的规定。

- 土霉素
- 5%或10%土霉素（马用）
- 青霉素
- 含磺胺的三甲氧吡嗪（马用）
- 阿苯达唑
- 伊维菌素
- 杀锥虫剂：乙醓胺（溴化氢溴酸铵）、贝雷尼（氯化异丙胺）、西马拉散（骆驼用美拉沙明）
- 马拉硫磷
- 溴氰菊酯或阿米特拉唑
- 多种维生素
- 凡士林
- 碘或碘伏
- 医用酒精
- 氧化锌

临床用设备取决于动物类型，主要包括：

- 塑料注射器，可重复消毒
- 针头（可重复消毒，但不建议马用）：
  - 反刍动物 14、16、18 号
  - 马 18、19、20 号
  - 骆驼 17 号
  - 猪 14、16、18 号
  - 家禽 25、27 号
- 自动免疫注射器 20 毫升、自动免疫注射器针头（按照不同动物类型准备）
- 用于大型动物的钳子（仅用于牛，不能用于马）

- 山羊/绵羊用钳子
- 蹄刀
- 临床温度计
- 套马绳或缰绳
- 脱脂棉
- 剪刀
- 手术刀片
- 去角线
- 用于消毒设备的金属容器

附录 2C　兽医支持：公共部门兽医职能——犬只管理

战争期间，随着人口迁移到难民营，犬的数量如果不加以管理可能成为额外的卫生和公共卫生问题。犬一般跟随难民，在营地内或周围游荡寻找食物。如果把人的尸体留在废弃的村庄和城镇，犬会咬食尸体，并在晚上回到营地。在难民营里有主人的犬只和无主犬只，要区别对待。虽然犬可以在营地保护主人和孩子，但也可能通过下列方式造成健康风险：

- 犬咬人，攻击人；
- 狂犬病和其他人畜共患病（如钩端螺旋体病）等疫病的传播；
- 流浪犬和食腐犬也会以人体为食。

可采取的干预措施：

①狂犬病与犬咬伤防范意识

公众需要加强流浪犬风险和狂犬病传播的风险意识。宣传犬咬伤预防和处理措施（如用大量肥皂和水清洗伤口，并向医疗站报告）。

②犬只狂犬病疫苗免疫与养犬责任

给犬接种疫苗是预防狂犬病的最好方法。应加强犬只的狂犬病疫苗免疫，并做好标记（如项圈、油漆、耳标），以避免重复。

③通过扑杀控制犬的数量

虽然不提倡淘汰犬只，但在重大危机情况下，或者是流浪犬只数量过多对公众健康造成严重威胁的情况下，可将减少犬只数量作为应急措施。需要注意的是，减少犬只数量不可作为长期解决方案。

过去马钱子碱常被用来淘汰犬只，但由于其危险性较强，现在已禁止使用。马钱子碱能造成缓慢而痛苦的死亡，它的毒性较强，会造成环境污染，对实施者造成风险，并可能误杀其他非目标物种。

在一些情况下，射杀犬只可能是唯一可行的解决办法，必须在征得有关的各方利益相关者的同意下，谨慎实施。由军队/警察或野生动物部门等专业人员采取人道的方式实施。

OIE《陆生动物卫生法典》提供了有关流浪犬种群控制意见的更多信息。更多关于犬只安乐死方法可参照法典第 7.7 章。请参阅：http：//www. oie. int/index. php？id＝169&L＝0&htm-file＝chapitre_1. 7. 7. htm。

附录 2D　兽医支持：公共部门兽医职能
——尸体处置

（1）掩埋

掩埋是最常见的尸体处理方式，对专业知识要求较低，易于组织和实施，处理费用通常也较低。

所需设备材料包括：挖掘设备（基础的手动工具或机械）、覆盖材料（通常可在挖掘过程获得）和石灰。如果土壤含水量较低，则可能需要底层（如黏土等）来减少对环境的破坏。**掩埋操作**相对简单，但实施时仍需谨慎。使用挖掘机挖坑是最好的挖掘方式，可以挖出垂直的深坑，并能将表土与底土分开放置。挖掘机可用来填土，可在不触碰尸体的情况下封闭掩埋坑。如果无挖掘机可用，也可使用装载机、推土机、平地机和反铲或通过人工挖掘掩埋。可通过现金等方式给予实施者相应补贴。

掩埋坑必须足够深，以确保在将尸体放入坑中后，覆盖物的深度至少能够达到1.5～2米。厚厚的覆盖物会将尸体与环境隔离开来，防止食腐动物将尸体挖出来，防止覆盖物被雨水冲走。坑底必须至少高出地下水位1米。每头成年牛或5只成年羊的体积约为1.5立方米。例如，一个宽3米、深5米的坑，在地面2.5米范围内装满尸体，每延米可容纳5头成年牛（3×2.5×1＝7.5立方米；7.5/1.5＝5头牛或25只羊）。

由于在分解过程中会产生大量气体，尸体往往会膨胀。对于大型反刍动物来说尤其重要，可能会导致尸体再露出掩埋点。为了防止这种情况发生，可在放入坑中前刺穿尸体。

用石灰覆盖尸体可以保护尸体不被食肉动物刨开，也可防止蚯蚓在掩埋点封闭后将污染物带到地表。在尸体上覆盖一层土（约400毫米），并在掩埋完成前增加一层熟石灰。由于潮湿可引起石灰的分解，石灰不能直接覆盖在尸体上。

在封闭后需检查掩埋地点，在发生渗漏或其他问题时应采取措施使掩埋点复原。掩埋点重新使用之前，一般是在掩埋完成几个月后，应再次检查以确保没有对畜群造成生物或物理威胁。

较大的掩埋点应该谨慎地选择，必须监测地下水情况确保选择合适的底层。但是掩埋处置也有其局限性，当尸体数量较多时，很难找到足够安全的掩埋地点和可供使用的机器。这时，尸体焚化就成了唯一的选择。

（2）焚烧

焚烧的几种方式都较为便宜、有效[①]。

焚烧所需的主要材料是燃料，用来确保完全燃烧。一般地方都能保障燃料充分。以下可作为每头（只）成年大型动物的焚烧指南：

- 大木料：3 块，2.5 米×100 毫米×75 毫米；
- 稻草：3 包；
- 小木料：35 千克；
- 煤炭：200 千克；
- 液体燃料（柴油，不可用汽油）：5 升。

燃料需求量可根据 1 具成年牛尸体相当于 4 头成年猪、4 只山羊或 4 只成年羊来估算。轮胎、其他塑料或橡胶材料可用来助燃，但会造成污染和有毒烟雾，应注意避免污染环境。

若选择露天燃烧，则需要上述类型的挖掘设备。

在**实施**时，选址特别重要。明火可能直接威胁到易发生火灾的居民点或景点。露天燃烧需要将尸体放在足够的燃料上，燃料和尸体的排列需要保证气流能从下面进入充足，才能在最短的时间内燃烧充分。火床的位置应与风的方向成直角，以最大限度通风。可通过在火堆下挖沟或升高火床来提供空气空间。燃料应迎风堆放，火势从燃料侧升起，尸体放在另一侧。火床的宽度取决于要燃烧的尸体的大小：2.5 米长、1 米宽可放置 1 头成年牛。

坑烧，又称气幕焚烧，是一种利用风机送风在坑内燃烧物料的技术。该设备由一个大容量风扇（通常由柴油机驱动）和管道组成，将预热的空气输送到沟槽的长边。气流的角度制造一个气幕，作为焚化炉的顶部，提供氧气，从而引起高温燃烧。热空气在坑内循环，实现完全燃烧。启动燃烧需要额外的燃料，但一旦火燃烧起来，燃料需求就会减少。坑式燃烧适合相对较小规模的连续运行，并且具有可运输的优点。它们特别适合猪和羊的尸体处理。

（3）堆肥

堆肥处理是一种可行的方法，若操作得当具有两个优点：一是避免了挖坑和潜在的地下水污染；二是将尸体转化为有价值的肥料。在所描述的 3 种尸体处理方式中，堆肥最为环保。堆肥过程中达到的温度足以杀死包括流感病毒（如高致病性禽流感病毒）在内的大多数病毒。可与所有家畜的尸体一起进行，但不适宜处理数量较大的动物，只能处理小规模动物。堆肥需要更多的专业知识，也需要更长的时间，比其他方法需要更多的劳动投入。此外，极端干燥或潮湿的天气也会影响处理过程中的温度。

---

① 资料来源：http://www.fao.org/docrep/004/y0660e/Y0660E00.htm#TOC。

　　主要经费用于隔离或保护堆肥区免受食腐动物侵害所需的材料。此外，需要使用大量有机物制作一个垫，来完全覆盖尸体。通常可以用锯末、干草、稻草、肥料、刨花和树叶等成分的混合制作。在干燥条件下进行堆肥需要加水。使用长杆温度计来监测堆肥过程中的温度。

　　在堆肥过程中，尸体放置在有机料床上并充分覆盖。为避免尸体膨胀，堆肥前要进行穿刺处理。内部温度将在头两天升高，并在 14 天内升高至 70℃。当温度开始下降时，堆料（包括所有剩余的尸体）需要混匀，以保证进一步堆肥所需的氧气。一般来说，堆肥过程需要 6 个星期到几个月，具体取决于尸体的大小。

附录 3A 应急期间反刍动物饲料供给：价值系数法

价值系数分别表示饲料的能量密度和蛋白质密度，补充饲料方案应确保至少有其中一种饲料。在一些情况下，一些粗饲料仍然可用，在这种情况下，蛋白质饲料可用来平衡反刍动物的饲料。

下表是两种饲料搭配进行效益成本比较的方法。

（1）快速"红绿灯"系统

为了快速评估特定情况下不同饲料的贡献情况，可根据"红绿灯"系统对这些饲料进行分类：

●	高浓度能量或蛋白质
◆	中浓度能量或蛋白质
■	低浓度能量或蛋白质

下表列出不同的饲料组合，并为每个组合指定了颜色，可按照以下规则协助选择饲料：

- 如果饲料在成本上相似，选择绿色饲料（●）优先于黄色饲料（◆），同样黄色饲料（◆）优先于红色饲料（■）。
- 相同颜色的饲料可选择便宜的。
- 如果饲料的颜色和成本都相同，可任意选择。
- 如果饲料颜色相同或不同，但成本差异很大，则可使用价值系数法选择。

（2）价值系数的对比

使用"红绿灯"系统可以不用计算，但是"红绿灯"并不能实现区分所有组合。

下表中的价值系数可使成本效益分析更加精确。在对比最佳的能量和蛋白质饲料时，可使用价值系数法。价值系数为 10 的饲料相对营养价值最高。高值系数饲料含有较高的能量（或蛋白质），而较低系数的饲料代表较差的饲料。能量或蛋白质饲料（即价值主要为能量或蛋白质来源的饲料）的价值系数分别计算。

同一种饲料可能同时出现在能量和蛋白质库中（例如，玉米籽粒的能量值系数较高，而蛋白质值系数较小）。

以下示例说明如何使用价值系数法比较三种待选的蛋白质饲料的相对成本效益：

饲料名称	饲料价值 （作为饲料时）	价值系数 （A）	当地的成本 （B）	对比比较 （A×B）
棉籽饼	●	9	189	1701
油菜籽、菜粕	●	7	135	945
芝麻粉	●	8	150	1200

由于所有这些饲料的营养价值相似，很难用"红绿灯"法来决定哪种饲料最划算

使用价值系数法进行比较：

- 输入待选饲料的当地成本（即：作为动物饲料的成本）。
- 将每个交付成本乘以相应的价值系数，并将结果输入表格。
- 比较不同饲料的计算结果。价值最小的饲料即为最具成本效益的饲料。

菜籽粕和芝麻粕的计算结果差别不大，但是菜籽粕则更具成本效益。虽然棉籽饼有更好的营养品质，但它成本较高，不如其他两种饲料经济。

能量饲料也可以用相同的方式进行比较。

价值系数表示饲料相对质量，因此可应用于不同类型的家畜。

效益成本比较表　在应急情况下提出的反刍动物能量饲料方案

能量饲料					
饲料名称	饲料价值（作为饲料时）	价值系数（A）	注释	当地价格（B）	对比（A×B）值最小的饲料是最经济的
精饲料（种子和果壳）[1]					
大麦	●	9			
大麦-麸皮	●	8			
豇豆	●	9			
玉米	●	10			
玉米-麸皮	●	8			
小米	●	8			
燕麦	●	8			
水稻	◆	9			
米糠	◆	7			
黑麦、黑麦麦片	●	9			
黑麦-麸皮	●	8			
小麦	●	10			
小麦-中等，白色	●	8			
麦麸	◆	7			
豌豆	●	9			
豌豆、豌豆-麸皮	●	8			
干草和干饲料[2]					
苜蓿-开花	◆	6			
苜蓿-开花后	◆	5			
三叶草（红色、红车轴草、开花）	◆	6			
三叶草（红色、红车轴草、开花后）	■	5			
三叶草（红色、白三叶、开花）	◆	6			
三叶草（白色、红车轴草、开花）	◆	6			
豇豆	◆	6			
小米	◆	6			
燕麦、开花前	◆	6			
燕麦、野豌豆、燕麦＋豌豆、开花	◆	6			
燕麦、野豌豆、燕麦＋豌豆、开花后	◆	5			
花生、成熟	◆	6			
大豆、晚花期	◆	6			

（续）

能量饲料					
饲料名称	饲料价值（作为饲料时）	价值系数（A）	注释	当地价格（B）	对比（A×B）值最小的饲料是最经济的
苏丹草、高粱	■	5			
特氟芙，开花后	◆	6			
混合干草	◆	6			
青草					
须芒草	■	5			
臂形草	■	5			
狼尾草	■	5			
黍	■	4			
狗尾草	■	4			
虎尾草	■	4			
星星草	■	4			
草皮	■	4			
危地马拉草	■	4			
新鲜牧草					
芭蕉，整株	◆	7			
豇豆，早/盛花期	◆	7			
玉米、乳熟期	◆	7			
玉米、蜡熟期	◆	7			
玉米、成熟	◆	7			
小米	◆	6			
燕麦，开花前	◆	7			
高粱	◆	7			
苏丹草，开花前	◆	7			
苏丹草，盛花期	◆	6			
苏丹草，晚花期	◆	6			
甜菜叶	◆	7			
甘蔗，整株	◆	6			
甘蔗，顶部，成熟	◆	6			
向日葵，早花	◆	6			
野豌豆、红芪	◆	6			
农作物秸秆					
大麦、大麦	■	5			
大麦，氢氧化钠处理	■	5			

（续）

能量饲料					
饲料名称	饲料价值 （作为饲料时）	价值系数 （A）	注释	当地价格 （B）	对比 （A×B） 值最小的饲料 是最经济的
氨处理大麦	■	5			
可可皮，可可	■	5			
亚麻籽、亚麻仁	■	4			
玉米	■	5			
小米	■	5			
燕麦	■	4			
氨处理燕麦	■	5			
燕麦壳	■	4			
豌豆	■	5			
水稻	■	4			
稻壳	■	1			
大豆	■	4			
小麦	■	4			
小麦，氢氧化钠处理	■	5			
小麦，氨处理	■	5			
小麦壳	■	3			
大豆-壳、干豆	◆	7			
农副产品					
柑橘，干燥	●	9			
糖蜜、甜菜	●	8			
糖蜜、甘蔗	●	8			
菠萝罐头残余，干燥	◆	7			
新鲜甜菜浆	●	8			
甜菜浆，青贮	◆	7			
甜菜浆，压榨/青贮	●	8			
干甜菜浆	●	8			

[1] 表中列出的麸皮也是很好的蛋白质来源，在应急情况下可以与粗饲料混合使用。

[2] 表中列出的饲料原料也是相当好的蛋白质来源，在应急情况下可以作为单一的饲料使用。

饲料能量价值系数 $(F) = \{9 \times [(ME(F) - ME_{(min)}]/[(ME_{(max)} - ME_{(min)})]\} + 1$，数据详见附录5。

可代谢的能量（ME）以反刍动物为例进行计算，最小值 $[ME_{(min)}]$ 和最大值 $[ME_{(max)}]$ 等于1.8兆焦/千克和14.6兆焦/千克数表中的干物质，ME（F）是饲料的代谢能，单位为兆焦/千克干物质。

效益成本比较表   在应急情况下提出的反刍动物蛋白质饲料方案

蛋白质饲料					
饲料名称	饲料价值（作为饲料时）	价值系数（A）	注释	当地价格（B）	对比（A×B）
精饲料（农工副产品）					
椰子，提取粉	◆	4			
椰子饼	◆	4			
棉籽，脱皮提取粉	●	9			
棉籽，去皮饼	●	8			
棉籽，部分脱皮提取粉	●	7			
棉籽，部分脱皮提取饼	●	7			
花生，去壳、提取粉	●	9			
花生，去皮、饼	●	9			
花生，部分去壳和粕	●	9			
花生，部分去壳饼	●	8			
亚麻籽，亚麻仁、提取粉	●	7			
亚麻籽饼	◆	6			
芥末，白芥子、提取粉	●	7			
芥末籽饼	●	7			
橄榄，橄榄油、提取粉	■	2			
橄榄饼	■	2			
棕榈仁，鹅掌楸提取粉	◆	4			
棕榈仁饼	◆	4			
油菜籽，甘蓝型油菜、提取粉	●	7			
菜籽饼	●	7			
红花籽，红花、提取粉	◆	5			
红花饼（两个都是半碎的）	◆	4			
芝麻籽，提取粉	●	8			
芝麻饼	●	8			
大豆，烘烤、提取粉	●	9			
大豆饼（未脱皮）	●	7			
向日葵，部分去壳提取粉	●	7			
向日葵，部分去壳饼	●	7			
向日葵，去皮提取粉	●	7			
向日葵，去壳饼	●	9			

（续）

蛋白质饲料					
饲料名称	饲料价值 （作为饲 料时）	价值系数 （A）	注释	当地价格 （B）	对比 （A×B）
酵母，啤酒酵母、酿酒酵母、新鲜	●	10			
玉米蛋白饲料	◆	5			
新鲜啤酒糟	◆	5			
青贮啤酒糟	◆	4			
酒糟、大麦	◆	5			
酒糟、玉米	◆	5			
酒糟、高粱	◆	5			
酒糟、小麦	◆	6			
麦芽、干的	◆	5			
新鲜牧草[1]					
苜蓿、开花前	◆	4			
苜蓿、开花	◆	4			
苜蓿、开花后	■	3			
埃及车轴草，亚历山大三叶草，开花	◆	4			
埃及车轴草，亚历山大三叶草，开花后	■	3			
三叶草，红色，开花	■	3			
三叶草，红色，红车轴草，开花	◆	4			
羽扇豆，白色，开花	◆	4			
狭叶羽扇豆，蓝色，开花	◆	4			
黄羽扇豆，黄色，开花	◆	4			
大豆、盛花期	■	3			
大豆、蜡熟期	■	3			
野豌豆，普通，豌豆，开花	◆	5			
豇豆	◆	5			
豌豆	◆	5			
树叶和牧草					
大花田菁	◆	4			
银合欢	◆	4			
墨西哥丁香	◆	4			
儿茶树	◆	4			

（续）

蛋白质饲料					
饲料名称	饲料价值（作为饲料时）	价值系数（A）	注释	当地价格（B）	对比（A×B）
海棠	◆	4			
麸皮和谷物					
大麦	■	2			
大麦-麸皮	■	3			
豇豆	■	5			
玉米	■	2			
玉米-麸皮	■	3			
小米	■	2			
燕麦	■	3			
水稻	■	2			
米糠	■	3			
黑麦、黑麦麦片	■	2			
黑麦-麸皮	■	3			
小麦	■	3			
小麦麦心，白色	■	3			
麦麸	■	3			
豌豆、豌豆-麸皮	■	3			

[1]这类饲料表中列出的饲料也是很好的能量饲料。

注：以上所列的饲料也是不错的能量饲料。这些蛋白质饲料易于运输和获取，在应急情况下可作为蛋白质来源，也可作为粗饲料的补充（示例见第 3.3.4 节）。油籽饼膳食应优先于谷物作为粗饲料的蛋白质补充物。

所用数据见附录 5。取粗蛋白质（CP）含量进行计算，数据表中的最小值 [$CP_{(min)}$] 和最大值 [$CP_{(max)}$] 分别为 25 克/千克（以干物质计）和 596 克/千克（以干物质计）。CP（F）是饲料的粗蛋白，单位为克/千克（以干物质计）。

附录 3B 应急期间反刍动物饲料供给：定量供应

当确定了目标和方案后，这些方案可用于指导目标动物定量供应。这是一个定向供应的过程。

本节介绍两种定量供应方案：

- 使用指南表；
- 将指南表与价值系数相结合。

这两种方法是现成和粗略的，只需要少量的信息就可以实现，只能粗略指导最佳的饲养水平（将指南表与价值系数联用可以提高精度）。

因此，可根据具体的生产目标，通过监控动物的情况进行微调饲料。可以对供应量进行小的调整，无需重新设计饲料方案，也可使用更复杂的定量配给系统。

(1) 使用指导表进行配给

下表可用来直接确定四个生产目标所需的饲料量（见第 6 章）。对于不同动物（牛和水牛、绵羊和山羊等），可单独使用干草为基础饲料，也可使用干草与精饲料混合的饲料。

- 粗饲料表中的空白表示不能够实现特定的生产目标。粗饲料补充剂表中的空白表示单独使用干草可以更经济地实现生产目标。
- 如果需要，可以通过假设营养补充剂大约是粗饲料的两倍来调整粗饲料和补充剂的比例。因此，4.5 千克粗饲料和 0.5 千克补充剂的配给大致相当于 3.5 千克粗饲料和 1.0 千克补充剂的配给。
- 干草是补充饲料计划中最常用的基础饲料，可作为粗饲料的参照。可以通过将表中粗饲料（干草）数值乘以 3 来计算使用新鲜草料作为基础粗饲料的量，或者通过将粗饲料数值乘以 1.5 计算使用农作物秸秆的量。

(2) 反刍动物饲养注意事项

- 动物所需的干物质：
  - 限制减重：约为体重的 1.25%。
  - 保持体重：约为体重的 1.50%。
  - 恢复体重：约为体重的 2.0%。
  - 提高生产水平：高达体重的 3%。

牛和水牛（每天饲喂的饲料，千克）

粗饲料	限制减重	保持体重	恢复体重	提高生产水平
	生产目标			
小动物（< 250 千克）	< 3.5	< 4.2		
中动物（250～450 千克）	3.5～6.3	4.2～7.5		
大动物（>450 千克）	>6.3	>7.5		

粗饲料	精饲料	限制减重	保持体重		恢复体重		提高生产水平	
		生产目标						
小动物（< 250 千克）			< 3.2	0.5	< 3.2	0.8	< 3.2	1.2
中动物（250～450 千克）			3.2～5.7	0.5～0.9	3.2～5.7	0.8～1.5	3.2～5.7	2.2
大动物（>450 千克）			>5.7	>0.9	>5.7	>1.5	>5.7	>2.2

绵羊和山羊（每天饲喂的饲料，千克）

粗饲料	限制减重	保持体重	恢复体重	提高生产水平
	生产目标			
小动物（50 千克）	0.7	0.9		
大动物（100 千克）	1.4	1.8		

粗饲料	精饲料	限制减重	保持体重		恢复体重		提高生产水平	
		生产目标						
小动物（50 千克）			0.7	0.1	0.7	0.2	0.7	0.50
大动物（100 千克）			1.4	0.2	1.4	0.4	1.4	1.0

— 表中的数字是"饲喂"的量，而不是干物质的量。干物质假定为"饲喂"量的90%。

- 中等质量粗饲料的干物质供给达到动物体重的 1.5%，可满足保持体重的需要。中等质量的粗饲料代谢能含量为 8 兆焦/千克，粗蛋白含量为 80 克/千克。在开花中期的各种绿色饲料都是中等质量的粗饲料。开花前收获的饲料可作为优质粗饲料，其代谢能含量为 10 兆焦/千克，粗蛋白含量为 100～120 克/千克。谷类作物种子形成后收获的饲料和秸秆等可视为低质量粗饲料，代谢能量含量为 6

兆焦/千克（以干物质计），粗蛋白质含量为 20～50 克/千克（以干物质计）。

- 根据饮食的营养质量和生产水平，动物可以食用高达体重 3.5％的干物质。但是，如果饲料含水量高的话，动物将每天摄取不到自身体重 3.5％的干物质。

- 由于粗饲料比精饲料便宜，而且粗饲料通常是当地可用的饲料资源，草食动物饮食中的粗饲料成分是必需的，因此首先应从粗饲料中获取干物质需求。随后应评估：①粗饲料提供的营养量；②需要补充精饲料以满足特定的营养需求。

- 只有在特殊情况下（即当粗饲料不能满足营养需求时），才可按照每 2 千克粗饲料、1 千克精饲料的比例来代替粗饲料，如上文所示。在某些紧急情况下，如果精饲料更容易运输，而粗饲料的供应不足，1 千克粗饲料可以用 0.5 千克的补充剂代替。但是，必须注意粗饲料在总饲料中的比例不能低于 30％。典型的精饲料应具有以下成分（克/千克，以干物质计）：粗蛋白质 120～160、能量 8.0～10.5 兆焦、粗纤维 120～300、灰分 40～70、钙 7～11 和磷 4～6。精饲料中黄曲霉毒素 B_1 应小于 20 微克/千克。

- 低质量粗饲料需要加精饲料［代谢能 10 兆焦/千克（以干物质计）和粗蛋白 16％（以干物质计）］，每天添加 1 千克可用于维持体重，添加 2 千克可用于产奶 1 千克或育肥牛增重 300 克。

- 随着生产水平的提高，粗饲料与精饲料（干物质）的比例范围可介于 100∶0（用于维持体重）到 35∶65 之间。

- 临时饲喂中等质量的粗饲料［代谢能 8 兆焦/千克（以干物质）和粗蛋白 10％（以干物质计）］足以生产 2～5 千克牛奶。

- 低质量粗饲料的摄入量通常限制在体重的 1.0％～1.25％，无法满足维持体重的要求。如果粗饲料质量好，只喂粗饲料就可以满足维持体重的要求。

骆驼（一种伪反刍动物）和马也适用同样的方法：

（3）用价值系数调整表定量配比

调整上表的结果，更多地考虑到饲料质量的差异，将有助于更有效地利用现有资源，配比出符合生产目标的饲料。

骆驼（每天饲喂的饲料，千克）

粗饲料	生产目标			
	限制减重	保持体重	恢复体重	提高生产水平
小动物（400 千克）	5.6	6.7	9.0	
大动物（800 千克）	11.2	13.5	18.0	

粗饲料	精饲料	生产目标						
		限制减重		保持体重		恢复体重		提高生产水平
小动物（400 千克）				5.7	0.5	6.0	1.0	6.0	2.0
大动物（800 千克）					1.0		2.0		4.0

马（每天饲喂的饲料，千克）

粗饲料	生产目标			
	限制减重	保持体重	恢复体重	提高生产水平
小动物（400 千克）	5.6	6.7	9.0	
大动物（600 千克）	8.4	10.0	18.0	

粗饲料	精饲料	生产目标						
		限制减重		保持体重		恢复体重		提高生产水平
小动物（400 千克）				5.7	0.5	6.0	1.0	6.0	2.0
大动物（600 千克）				8.6	0.8	9.0	1.5	9.0	3.0

模板：

1	动物类型		
2	生产目标		
		精饲料（能量来源）*	精饲料（蛋白质来源）*
3	总量（Q_R 和 Q_P 在 第二 和第三列分别列出）		
4	使用饲料名称		
5	价值系数（VC_R 和 VC_P 在第二和第三列分别列出）		
6	精饲料调整量，AQ_P		$(6 \times Q_P)/VC_P$
7	粗饲料调整量	$[Q_R - (AQ_P - Q_P)]$	

217

方法：

- 在1和2栏中，输入定量配给的详细信息。
- 附录3A是所需的精饲料，见附录3。
- 在4栏中，输入决定使用的饲料的名称。
- 在5栏中，从附录3B的表中复制价值系数。
- 选择调整后的精饲料和粗饲料，计算得到6和7栏的结果。

例如：

1	动物类型	中型奶牛（250千克体重）	
2	生产目标	保持体重	
		粗饲料 （能量来源）*	精饲料 （蛋白质来源）*
3	总量 （Q_R和Q_P在第二和第三列分别列出）	3.2	0.5
4	使用的饲料名称	混合干草	玉米麸皮
5	价值系数 （VC_R和VC_P在第二和第三列分别列出）	6	3
6	精饲料调整量，AQ_P		$(6 \times Q_P)/VC_P = 1.0$
7	粗饲料调整量	$[Q_R - (AQ_P - Q_P)] = 2.7$	

* 粗饲料和精饲料的价值系数均取6，代表中等质量干草和典型的精饲料，粗蛋白质含量约为160克/千克（以干物质计）。

附录 3C 应急期间反刍动物饲料供给：生产尿素-糖蜜复合营养块

顾名思义，这类营养块是含有尿素、糖蜜、维生素和矿物质的块状物。这些成分的设计提供了丰富的营养物质，避免单一营养的不足。

饲喂尿素-糖蜜复合营养块是一种方便、廉价的方法，可以间接地作用于瘤胃微生物或直接向动物提供多种营养。营养块是反刍动物在低质量的粗饲料（稻草和干草）条件下、牧场上很好的补充饲料。当喂养高质量的粗饲料如苜蓿干草或新鲜牧草时，添加尿素-糖蜜复合营养块则没有优势。

把饲喂原料变成固体可以确保动物在白天消耗少量的肉块，舔食营养块可以控制营养和能量的供应。

这些只能用于 6 个月以上的反刍动物，因为尿素对其他动物和反刍功能未发育完全的幼畜有毒。

（1）尿素-糖蜜复合营养块的组成

这些营养块通常含有尿素、农副产品、维生素和矿物质。下面给出了一个示例。营养块的成本主要取决于原料和劳动力成本。

成分	组成（%）
糖蜜	40
尿素	8
麦麸或米糠	35
黏固剂	10
盐	4
熟石灰（生石灰）	2
磷酸钙	1

糖蜜是一种浓缩的植物汁，主要来源于甘蔗，可提供能量以及一些微量矿物质和维生素，尿素提供氮，麦麸富含磷、微量矿物质和多种维生素，油籽饼是磷和蛋白质的良好来源，盐和石灰提供了大量的矿物质，黏固剂起黏合作用。

糖蜜：糖蜜的稠度很重要，取决于含糖量。以百分比表示，称为糖度，可用手持糖量仪测量。80 或以上的糖蜜较好硬化。直接来自工厂的糖蜜一般超过 80。糖蜜不能用水稀释，水会导致固化成块的问题。从糖厂订购糖蜜时，请注明是"未稀释"糖蜜，并在收到糖蜜时核对糖度值。

尿素：通常为肥料级。由于尿素吸收水分，因此在储存期间袋中可能会形成团块。为了防止尿素的过度消耗，必须在混入之前将这些团块粉碎。

盐：混合物中的盐是普通盐（NaCl）。即使盐是无毒的，最好还是防止其在混合物中结块。

黏固剂：就是普通建筑物用料。为了凝结良好，至少需要 30%～40% 的水（每 10 千克中需要加入 3～4 升水）。

石灰：石灰比水泥凝结更快、硬度更好，但价格和供应情况会限制其在某些地区的使用。

麸皮：除了其营养价值，可以将麦麸加到此营养块中。各种麸皮都可以用，如果没有麸皮，可以用其他纤维原料代替，如碎稻草、甘蔗渣（甘蔗或高粱秸秆粉碎榨汁后残留的纤维物质）或花生壳等。

其他成分：基本配方只包括了提高粗饲料利用率的最主要成分。如果已知缺乏特定营养成分，可以添加矿物质等。

尿素-糖蜜复合营养块可根据需要制作为小、中、大型。无论大小，制造方法基本相同，不同之处在于所用料的数量和设备。经验表明，在小养殖户的情况下，5 千克重的营养块最适合饲养奶牛。假设每头奶牛每天摄入约 500 克尿素-糖蜜复合营养块，一块可用 10 天。

①混合配料

如果有足够的劳动力，且需要营养块量较少（50～150 块/天），可以手工配料。但是，若要大量生产（需求量＞150 块/天），建议使用混凝土搅拌机。配料的顺序很重要，建议顺序：糖蜜→尿素→盐→矿物→黏固剂→麸皮。

②模具

需要模具来成型，最适合小规模生产的是开槽木板，便于组装和拆卸。一个尺寸为 25 厘米×15 厘米×10 厘米的模具可制成一个重 4.5～5.0 千克的营养块。一天之后可以取下模具进行干燥。

③营养块的干燥

制好的营养块不能直接暴露在阳光下，应放置在通风良好的阴凉处干燥。等待 72～96 小时干燥彻底后方可运输。有关营养块技术的更多信息，请参阅 IAEA TECDOC 1495① 和粮农组织畜牧生产及动物卫生论文第 164 页②。

---

① http：//www-naweb. iaea. org/nafa/aph/public/aph-multinutrient-blocks. html.

② ftp：//ftp. fao. org/docrep/fao/010/a0242e/a0242e00. pdf.

（2）尿素-糖蜜复合营养块的利用

尿素-糖蜜复合营养块是补充饲料，不能单独饲喂。为确保动物不吃过多的尿素，从而导致尿素中毒，需提供少量的粗饲料。该营养块的目的是提高粗饲料的利用率，而不是取代粗饲料。

应在7～10天的时间内逐渐加入全价饲料（例如，每头成年牛或母水牛每天加入500～600克）。当动物存在一定程度的摄食不足时，摄食速度比平常要快。经过一段适应期后，可将牛的摄入量调整为500～600克/天，绵羊和山羊的摄入量调整为80～100克/天。

附录 4A 监控和评价：家畜应急
干预监控表示例

（1）商业清群干预的监控方式

地点：_____

销售日期：_____

畜主姓名；_____

买家/交易商姓名：_____

依家畜类型所拥有的家畜数量：_____

出售家畜的数量和类型：_____

根据家禽类型确定售卖价格：_____

卖家预期的现金用途：_____

（2）**牛补饲干预四周监控表**
该表包括过程和影响指标：

* 过程指标是指畜主姓名和数量、牛的饲养类型和数量以及饲料的使用量；
* 影响指标是牛的死亡数量。

注意：通过记录饲喂和未饲喂的牛死亡率，可以比较两组的死亡率来评价补饲影响。同样也可以在干预之后进行成本效益分析。

应急饲料分配记录周表

投料地点：

| 畜主姓名 | 饲喂牛的品种 | 饲养数量 | 非饲养数量 | 4 周内每周死亡牛的精饲料饲喂量（千克） | | | | | | 每周末观察饲料分配记录 |
				1	2	3	4	饲养牛	非饲养牛	

（3）小型反刍动物寄生虫治疗监控表，供基层文化程度有限的动物卫生工作者使用

在该表格中，社区动物卫生工作者为报告期内治疗的每只动物标上了一个圆圈。

由社区动物卫生工作者填写

社区动物卫生工作者姓名：_____

地点：_____

报告期：_____

胃肠道寄生虫的治疗

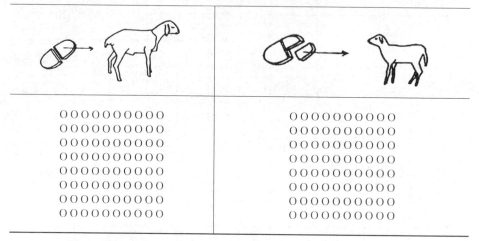

（4）有文化的社区动物卫生工作者使用的监控表

社区动物卫生工作者姓名：_____

地点：_____

报告期：_____

日期	畜主名称	地点	家畜类型	疫病	治疗动物数量	药物	用药量	药品价格

　　注意：此表注重过程指标。治疗动物数量是一个过程监控量。更好的指标是"治疗动物数量/患病动物数量"。

附录 4B　监控和评价：计算样本量

(1) 随机样本大小的简单计算，可用于前后评估

假设当地一个非政府组织在 5 个生态和经济相似的村庄实施旱灾期间屠宰清群项目，每个村庄有 40 个女性户主家庭（总共 200 个家庭）。假设该项目要确保 75% 的家庭在干旱期间家畜销售收入增加至少 50%。

在每个村庄，抽样住户 "n" 的数量表示如下：

$$n = \left[1 - (1 - CL)^{1/D}\right]\left[N - \left(\frac{D-1}{2}\right)\right]$$

式中：

N＝村中家庭户平均数；

D＝满足收入增加的家庭最低数量；

CL＝95% 的置信水平。

利用这一公式计算，每个村庄应抽样 2.5 户，可以四舍五入到 3 户，或者共抽样 15 户。每个村从 40 户中随机抽取 3 户。

(2) 随机样本量估算，可用于基于控制的评估

假设洪水过后，一个国际机构的目标是通过给绵羊和山羊接种巴氏杆菌病疫苗来降低它们的死亡率。根据计划，疫苗接种计划要覆盖 50% 的牛群。影响评估的目的是测量接种和未接种牛群的死亡率，假设通过使用比例累积方法和时间线方法，牛群拥有者可以描述洪水后 6 个月内牛群的死亡率。

接种疫苗和未接种疫苗动物的样本量 "n" 可使用如下公式计算：

$$n = \frac{\left[M_{\alpha/2}\sqrt{2p(1-p)} + M_{\beta}\sqrt{p_1(1-p_1) + p_2(1-p_2)}\right]^2}{(p_2 - p_1)^2}$$

式中：

p_1＝未接种疫苗的畜群中的巴氏杆菌病死亡率，假设为 5%；

p_2＝接种疫苗牛群的巴氏杆菌病死亡率，假设为 1%；

$p = (p_1 + p_2)/2$；

$M_{\alpha/2}$＝所需的显著性水平 α 的乘积，α 设定为 5%，$M_{\alpha} = 1.64$，这个假设是单侧检验；

M_{β}＝β 相关乘数，即 II 型错误的概率；检测差异的置信度为 80%，检验功效 $(1 - \beta) = 0.80$，$\beta = 0.20$ 和 $M_{\beta} = 0.84$；

使用这个公式计算出，应从接种疫苗和未接种疫苗的畜群中各抽样 233 只（共 446 只）。

对于计算基于控制的家畜补饲项目影响评估的样本量，也可用同样的公式，此类项目的目的是比较饲喂和未饲喂动物的死亡率。

附录 4C 监控和评价：评价或影响评估报告撰写指南

评价和影响评估需要大量的组织活动，是执行单位和资助者的主要学习活动。然而，如果没有丰富的记录经验并与相关利益方共享，很多有益经验教训容易被丢失或遗忘。

从长远来看，报告将是评价的主要参考文件。由于不同的利益方往往有不同的信息需求和评估报告价值标准，整理评价信息的方式在一定程度上取决于预期的目标受众，因此没有标准模板，但在生成报告时，需要考虑以下几点：

报告结构：报告应遵循逻辑结构，类似于科学论文的结构，即摘要、简介、方法、结果、讨论和参考文献（或参考书目）。

不管报告的质量如何，有些读者可能只读摘要，也有些读者会看其他部分。因此，对调查结果的总结和建议是报告最重要的部分之一。总结通常需要根据具体的职权范围或影响评估的问题来组织，甚至可以在每个要点上添加注释，例如："这一点涉及工作范围的第××项"。摘要还引用报告主体部分的，可以从正文中找到关于某一特定问题的更详细的信息。

引言：引言应介绍项目和项目区域的背景信息。这应包括关于项目运作的政治、经济、社会和环境背景的说明。引言可以包含项目目标、评估的职权范围、影响评估的关键问题等有关内容。

方法和结果：认真撰写方法和结果能够促使读者独立分析，将自己的分析和报告讨论部分进行对比。一些数据可以在结果中总结为表格和图表，在附录中提供完整的数据。在对数据进行统计分析时，应明确说明所使用的统计和检验方法。

讨论：报告的讨论部分用于分析调查的结果。这一部分还应将项目相关事件和经验与项目背景结合起来，如总体经济形势、政治事件、政策环境、资助者策略等。将项目置于特定的环境中进行分析非常重要，结合复杂背景的分析方法有助于避免项目观点的孤立。

报告的长度：报告应该有多长？在大多数情况下，一份报告要表明已经进行了彻底的评估，既要简洁易读，又要兼顾全面。一般来说，很少有人会读长报告。因此，报告应简明扼要，将调查结果和建议与职权范围或问题联系起来。主报告一般为 20～30 页，附录可用来提供补充资料。

一般性陈述：一份看起来专业、组织良好、标题、字体和图表清晰的报告比一份局促或杂乱无章的报告更易被阅读。使用易于阅读的字体，避免花哨的边框或其他图形干扰报告中的主要文字和图片。仔细检查报告中的拼写和语法，并使用好的复印机复印清楚、整洁的副本。报告的整体呈现和外观对报告的理解方式和阅读程度有很大影响。用硬塑料封面的报告比用订书机装订在一起无封面的报告保存的时间更长。

写作风格：报告用活泼的风格撰写比用正式的或科学的方式撰写，更能引人入胜，也更有趣。尽量使用短句取代长句。技术词汇可在词汇表或脚注中加以解释。例如，一些家畜疫病名称（例如锥虫病）对于非兽医读者来说可能较难理解。可以用多种书写格式和方式来表达较长的观点，确保关键点清晰可见，其中包括使用项目符号和文本框。此外，调查中直接用访谈者话语也可使报告更生动。

图片和图表的使用：图片和图表可以使报告生动，并呈现文字难以描述的信息。例如，绘制地图要比仅仅用文字描述村庄、道路或其他位置的特征更容易理解。计算机软件现在可以相对容易地在报告中添加彩色和复杂的图形及其他图表。图形对于总结和可视化信息很有用，但是简单的黑白图形更容易理解，也比复杂的三维彩色图形影印效果更好。饼状图对于直观地总结信息特别有用。

时间安排：尽量在合理的时间内完成报告，如在实地调查结束后的一个月内。能够有效保障报告的时效性，也能够保障报告起草的兴趣。几个月后提交报告的时效性会较差。

报告草稿，反馈并检查报告内容：评估涉及多个参与者，因此将报告发送给他们并收集反馈和评论是十分必要的。如果报告包含可能引起争议的信息，可通过反馈进行修订。如有必要，可在报告中列出这些评论，以供讨论。获取反馈的另一种方式是组织社区培训，介绍和讨论报告的主要结论和建议。

分发报告：项目和评估小组可以列出需要报告的机构和个人名单。报告可附上一封短信。

为基层机构制作一份特别的总结报告或简报：为了与基层分享调查结果和建议，可以使用简报。简报要概括评估的要点，比如谁参与了评估，如有照片、插图或直接引文，可以使评估更具吸引力。

会议汇报：除了制作书面报告外，在研讨或会议上做口头汇报还可用于向更广泛的受众展示研究结果，并向其他人征求意见。

参 考 文 献

Abebe, D., Cullis, A., Catley, A., Aklilu, Y., Mekonnen, G. & Ghebrecristos, Y. 2008. Live-lihoods impact and benefit-cost estimation of a commercial destocking relief intervention in Moyale District, Southern Ethiopia. *Disasters* 32/2 June 2008.

Admassu, B., Nega, S., Haile, T., Abera, B., Hussein, A. and Catley, A. 2005. Impact assessment of a community-based animal health project in Dollo Ado and Dollo Bay districts, southern Ethiopia. *Tropical Animal Health and Production*, 37 (1): 33 – 48.

Action Contre la Faim. 2010. *Interventions*, N. 99, Juin-juillet-août 2010.

AGIRE. 2007. Final report, Early Recovery and Disaster Risk Reduction from Cyclone Sidr, Bang-ladesh.

Aklilu Y. and Wekesa M. 2002. Drought, livestock and livelihoods: lessons from the 1999 – 2001 emergency response in the pastoral sector in Kenya. *Humanitarian Practice Network Paper* 40, Overseas Development Institute, London.

Albu, M. 2010. *The Emergency Market Mapping and Analysis Toolkit*, Practical Action Publishing, Rugby, UK.

Ashmore J., Babister E., Corsellis T., Fowler J., Kelman I., McRobie A., Manfield P., Spence. R. and Vitale A. 2003. *Diversity and Adaptation of Shelters in Transition Settlements for IDPs in Afghanistan*, University of Cambridge, UK.

Barasa, M., Catley, A., Machuchu, D., Laqua, H., Puot, E., Tap Kot, D., and Ikiror, D. 2008. Foot-and-Mouth Disease Vaccination in South Sudan: benefit-cost analysis and livelihoods impact. *Transboundary and Emerging Diseases*, 55: 339 – 351.

Barrett, C. 2006. Food Aid's Intended and Unintended Consequences. Food and Agriculture Organization of the United Nations, *ESA Working Paper* No. 06 – 05.

Barrett, C. B., Bell, R., Lentz, E. C. and Maxwell, D. G. 2009. Market Information and Food Insecurity Response Analysis. *Food Security* 1: 151 – 168. Springer, The Netherlands.

Bayer, W. & Waters-Bayer, A. 2002. *Participatory Monitoring and Evaluation with Pastoralists: a review of experiences and annotated bibliography.* Deutsche Gesellschaft für Technische Zusammenarbeit (GTZ), Eschborn, Germany. Available at http://www.eldis.org/fulltext/PDF-Watersmain.pdf.

Bekele, G. & Abera, T. 2008. *Livelihoods-based Drought Response in Ethiopia: Impact Assess-ment of Livestock Feed Supplementation.* Feinstein International Center, Tufts University and Save the Children US, Addis Ababa.

Bekele, G, Demeke, F. & Ali, Z. 2010. *Livelihood-based Drought Response in Afar-Impact Assessment of Livestock Feeding Program Implemented in Amibara, Teru and Abala Districts.* FARM Africa, SCUK and CARE.

Benhassine, N., Devoto, F., Duflo, E., Dupas, P. & Pouliquen, V. 2013. Turning a Shove into a Nudge? A "Labeled Cash Transfer" for Education. *Working Paper 19227*, National Bureau of Economic Research.

Blattman, C. & Neihaus, P. 2014. Show Them the Money: Why Giving Cash Helps Alleviate Poverty, *Foreign Affairs 93 (3)*. Council for Foreign Affairs, Washington, D.C.

Broglia A., and Volpato G. 2008. Pastoralism and displacement: strategies and limitations in livestock raising by Sahrawi refugees after thirty years of exile. *Journal of Agriculture and Environment for International Development*, 102 (1/2): 105 - 122.

Catley, A. 1999. *Monitoring and Impact Assessment of Community-based Animal Health Proj-ects in Southern Sudan-Towards participatory approaches and methods.* Vétérinaires sans frontières, Belgium, and Vétérinaires sans frontières Switzerland. Vetwork UK, Wivenhoe, UK. Available at http://www.participatoryepidemiology.info/Southern%20Sudan%20Impact%20 Assessment.pdf.

Catley, A. 2005. *Participatory Epidemiology: A Guide for Trainers.* African Union/Inter-african Bureau for Animal Resources, Nairobi. At http://www.participatorye pidemiolo-gy.info/PE%20 Guide%20electronic%20copy.pdf.

Catley, A., Abebe, D., Admassu, B., Bekele, G., Abera, B., Eshete, G., Rufael, T., & Haile, T. 2009. Impact of drought-related livestock vaccination in pastoralist areas of Ethiopia. *Disasters*, 33 (4): 665 - 685.

Catley, A., Admassu, B., Bekele, G. & Abebe, D. 2014. Livestock mortality in pastoralist herds in Ethiopia during drought and implications for drought response. *Disasters*, 38 (3): 500 - 516.

Conway, T., de Haan, A. & Norton, A. 2000. *Social protection-New directions of donor agencies.* ODI. London.

Covarrubias, K, Davis, B. & Winter, P. 2012. From protection to production: productive impacts of the Malawi Social Cash Transfer scheme. *Journal of Development Effective-ness*, 4 (1): 50 - 77.

Danish Refugee Council. 2014. *Unconditional Cash Assistance Via E-Transfer: Implementa-tion Lessons Learned-Winterization Support Via CSC Bank ATM Card.* Danish Refugee Council, Lebanon. Available at http://www.alnap.org/resource/20817.

Doss, C. R. 2001. Men's crops? Women's crops? The gender patterns of cropping in Ghana, *World Development*, 30 (11): 1987 - 2000.

ECHO. 2015. *10 common principles for multi-purpose cash-based assistance to respond to hu-manitarian needs.* Concept Paper, ECHO, European Commission.

Faminow, M. 1995. Issues in Valuing Food Aid: the Cash or In-Kind Controversy, *Food*

Policy, 20 (1): 3.

FAO. 2012. *Invisible Guardians-Women manage livestock diversity*. FAO Animal Production and Health Paper No. 174.

Fiszbein, A. & Schady, N. with Ferreira, F. H. G., Grosh, M., Keleher, N., Olinto, P. & Skou-fias, E. 2009. *Conditional Cash Transfers, Reducing Present and Future Poverty*. Washington, D. C. World Bank.

Government of Kenya. 2014. *Hunger Safety Net Programme 2-Communications Strategy and Plan* 2014 – 2017.

Hermon-Duc, S. 2012. *Exploring the use of cash transfers using cell phones in pastoral areas*. A report for Telecoms sans frontières and Vétérinaires sans frontières, Germany.

Hoddinott, J., Gilligan, D., Hidrobo, M., Margolies, A., Roy, S., Sandstr? m, S. & Schwab, B. U. 2013. *Enhancing WFP's Capacity and Experience to Design, Implement, Monitor, and Evaluate Vouchers and Cash Transfer Programmes: Study Summary*. Washington, D. C. International Food Policy Research Institute.

Humanitarian Response. What is the ClusterApproach? New York. OCHA. Available at: http: // www. humanitarianresponse. info/en/coordination/clusters/what-cluster-approach.

International Federation of Red Cross and Red Crescent Societies. 2011. *Shelter safety handbook: Some important information on how to build safer*. Geneva. IFRC.

International Federation of Red Cross and Red Crescent Societies 2011. *PASSA process (Participatory Approach for Safe Shelter Awareness). Geneva. IFRC.*

Lobry, M., Vandenbussche, J., Ponthus B. & Pelletier, M. 1985. *Manuel de construction des batiments pour l'élevage en zone tropicale*. Paris. Ministère de la coopération.

Kidd, S. & Calder, R. 2012. *The Zomba conditional cash transfer experiment: An assessment of its methodology*. Pathways' Perspectives on Social Policy in International Development, Issue. 6. Orpington, UK. Development Pathways.

LEGS. 2014. *Livestock Emergency Guidelines and Standards, 2nd edition*. Practical Action Publishing, Rugby, UK. Available via the LEGS website at http: //www. livestock-emergency. net or direct from the publisher at http: //dx. doi. org/10. 3362/9781780448602.

Lentz, E. 2008. *Draft Implementation Guidelines: Market Response Analysis Framework for Food Security: Cash, Local Purchase, and/or Imported Food Aid?* Washington, D. C. USAID. Atlanta, Georgia. CARE.

Available only on the internet at http: //www. sraf-guidelines. org/sites/default/files/content/ resources/ERC％ 20products％ 20％ 26％ 20resources/2. ％ 20Market％ 20Analysis/ Market％ 20 Analysis％ 20Resources/Tools％ 20and％ 20Research/63b％ 20MIFIRA％ 20Guidelines. pdf.

Lindert, K., Linder, A., Hobbs, J, & de la Brière, B. 2007. *The nuts and bolts of Brazil's Bolsa Família programme: implementing conditional cash transfers in a decentralized context*. Washington, D. C. The World Bank, Social Protection Discussion Paper.

Lotira，R. 2004. *Rebuilding herds by reinforcing Gargar/Irb among the Somali pastoralists of Kenya：evaluation of experimental restocking program in Wajir and Mandera Districts of Kenya*. Nairobi. African Union/Interafrican Bureau for Animal Resources.

MacKay，C. and Mazer，R. 2014. 10 Myths About M-PESA：2014 Update. Washington，D. C. The Consultative Group to Assist the Poor，Available only on the internet at http：// www. cgap. org/blog/10-myths-about-m-pesa-2014-update.

OCHA. 2014. The UN Economic and Social Council (ECOSOC) Humanitarian Segment，23 – 25 June 2014 Summary. Available at http：//reliefweb. int/sites/reliefweb. int/files/resources/ ECOSOC%20HAS%20FINAL%20Report%202014. pdf.

Overseas Development Institute and Centre for Global Development. 2015. *Doing cash differently：how cash transfers can transform humanitarian aid*. Report of the High Level Panel on Humanitarian Cash Transfers. London. Overseas Development Institute.

Hughbanks，K. 2012. *Unconditional Cash Grants for Relief and Recovery in Rizal and Laguna，The Philippines (Post-Typhoon Ketsana)*. Oxford，UK. Oxfam/The Cash Learning Partnership.

Pelly，I. 2014. *Designing an interagency multipurpose cash transfer programme in Lebanon*. Field Exchange，48：10 – 13.

RRA Notes 1994. Special issue on livestock，No. 20. London. IIED. Available at http：// www. iied. org/NR/agbioliv/pla _ notes/pla _ backissues/20. html.

Schreuder，B. E. C.，Moll，H. A. J.，Noorman，N.，Halimi，M.，Kroese，A. H. & Wassink，G. 1996a. A benefit-cost analysis of veterinary interventions in Afghanistan based on a livestock mortality study. *Preventive Veterinary Medicine*，26：303 – 314.

Schreuder，B. E. C.，Noorman，N.，Halimi，M. & Wassink，G. 1996b Livestock mortality in Afghanistan in districts with and without a veterinary programme. *Tropical Animal Health and Production*，28：129 – 136.

SEDESOL. 2012. *Oportunidades-15 years of Results*. Mexico City. Secretaría de Desarrollo Social.

Sen，A. 1976. Famines as failures of exchange entitlements. *Economic and Political Weekly*，11 (31 – 33)：1273 – 1280.

Sen，A. 1981. *Poverty and Famines. An Essay on Entitlement and Deprivation*. Oxford. Clarendon Press.

Shelter Centre. 2010. *Shelter after disaster guidelines-Strategies for Transitional Settlement and Reconstruction*. 350pp. Geneva.

Sivakumaran，S. 2011. *Market Analysis in Emergencies*. Oxford，UK，The Cash Learning Partnership.

Sossouvi，K. 2013. *E-transfers in emergencies：Implementation Support Guidelines*. The Cash Learning Partnership.

The Economist. 2015. Hard-nosed compassion Cash transfers，rather than handouts in kind， would help aid to refugees go further. 26 September 2015.

UNICEF. 2014. *UNICEF Unconditional Cash Transfer Program Philippines*，*Presentation given at the Protecting Children from Poverty and Disasters in East Asia and the Pacific*. A Symposi-um on Linkages between Social Protection and Disaster Risk. 22 – 23 May 2014 in Bangkok，Thailand. Available at http：//www. unicef. org/eapro/Session _ 3 _ - _ UNICEF _ Philippines. _ Uncon-ditional _ cash _ transfer _ program. pdf.

Vinet，R. & Calef，D. 2013. *Guidelines for Input Trade Fairs and Voucher Schemes*. FAO.

Wekesa，M. 2005. *Terminal evaluation of restocking/rehabilitation programme for internal-ly dis-placed persons in Fik Zone of the Somali Region of Ethiopia*. Save the Children (UK)，Ethiopia. Nairobi. Acacia Consultants Ltd.

World Bank. 2011. *World livestock disease atlas*：*a quantitative analysis of global animal health data （2006 – 2009）*. Washington，D. C. Available at http：//documents. world-bank. org/ curated/en/2011/11/15812714/world-livestock-disease-atlas-quantitative-analy-sis-global-ani-mal-health-data-2006 – 2009.

World Food Programme. 2014a. *WFP's 2008 Cash and Voucher Policy （2008 – 2014）*：*A Policy Evaluation. Volume 1*. An Evaluation Report prepared by the Konterra group.

World Food Programme. 2014b. Syria Emergency. Available at http：//www. wfp. org/crisis/syria.

粮农组织畜牧生产及动物卫生手册

1. 小规模家禽生产，2004（E，F，Ar）
2. 肉类行业良好实践，2006（E，F，S，Ar）
3. 高致病性禽流感应急准备，2006（E，F，S，Ar）
4. 修订版本，2009（E）
5. 野鸟高致病性禽流感监测——从健康、发病、死亡鸟类中采集样品手册，2006（E，F，R，Id，Ar，Ba，Mn，S^e，C^e）
6. 野鸟和禽流感——应用研究和疫病采样技术介绍，2007（E，F，R，Id，Ar，Ba，S**）
7. 拉丁美洲和加勒比 H5N1 高致病性禽流感卫生事件补偿方案，2008（E^e，S^e）
8. 基于风险的辅助禽流感流行病学监测 AVE 地理信息系统，2009（E^e，S^e）
9. 非洲猪瘟应急预案，2009（E，F，R，Hy，Ka，S^e）
10. 饲料行业良好实践——实施关于良好动物饲养行为守则法典，2009（E，C，F，S，Ar**，P**）
11. 参与式流行病学——收集流行病学数据的方法，2011（S^e）
12. 良好应急管理实践概述，2011（E，F，S，Ar，R，C）
13. 调查蝙蝠在新发疫病中的角色——平衡生态、保护和公共安全，2011（E）
14. 用代乳品和发酵剂饲养幼小反刍动物，2011（E）
15. 动物饲料分析实验室的质量保证，2011（E，F**，R^e）
16. 开展国家饲料评估，2012（E，F）
17. 饲料分析实验室微生物学质量保证，2013（E）
18. 基于风险的疫病监测——对无疫监测的设计和分析，2014（E）
19. 应急期间家畜相关干预措施操作手册，2016（E）

可获得日期：2016 年 7 月

Ar——阿拉伯文　　　　　　　　Multi——多语种
C——中文　　　　　　　　　　＊　　已绝版
E——英文　　　　　　　　　　＊＊　　出版中
F——法文　　　　　　　　　　e　　电子出版物

P——葡萄牙文 MK——马其顿文
R——俄文 Ba——孟加拉文
S——西班牙文 Hy——亚美尼亚文
Mn——蒙古文 Ka——格鲁吉亚文
Id——印度尼西亚文

粮农组织畜牧生产及动物卫生手册可以通过粮农组织授权的销售代理或者直接从市场营销组获得，地址：Viale delle Terme di Caracalla，00153 Rome，Italy。

粮农组织动物卫生手册

1. 牛瘟诊断手册，1996（E）
2. 牛海绵状脑病手册，1998（E）
3. 猪蠕虫病流行病学、诊断和控制，1998
4. 家禽寄生虫病流行病学、诊断和控制，1998
5. 认识小反刍兽疫——现场手册，1999（E，F）
6. 国家动物疫病应急预案手册，1999（E，C）
7. 牛瘟应急预案手册，1999（E）
8. 家畜疫病监测与信息手册，1999（E）
9. 认识非洲猪瘟——现场手册，2000（E，F）
10. 参与式流行病学手册——收集行动导向的流行病学情报方法，2000（E）
11. 非洲猪瘟应急预案手册，2001（E）
12. 疫病根除手册，2001（E）
13. 认识牛传染性胸膜肺炎，2001（E，F）
14. 牛传染性胸膜肺炎应急预案，2002（E，F）
15. 裂谷热应急预案，2002（E，F）
16. 口蹄疫应急预案，2002（E）
17. 认识裂谷热，2003（E）

可从下列网址查找更多出版物

http：//www.fao.org/ag/againfo/resources/en/publications.html

图书在版编目（CIP）数据

应急期间家畜相关干预措施操作手册／联合国粮食
及农业组织编著；翟新验等译. —北京：中国农业出
版社，2021.10
（FAO中文出版计划项目丛书）
ISBN 978-7-109-28459-3

Ⅰ.①应… Ⅱ.①联… ②翟… Ⅲ.①家畜—饲养管
理—手册 Ⅳ.①S815.4-62

中国版本图书馆 CIP 数据核字（2021）第 130280 号

著作权合同登记号：图字 01 - 2021 - 2160 号

应急期间家畜相关干预措施操作手册
YINGJI QIJIAN JIACHU XIANGGUAN GANYU CUOSHI CAOZUO SHOUCE

中国农业出版社出版
地址：北京市朝阳区麦子店街 18 号楼
邮编：100125
责任编辑：郑　君
版式设计：王　晨　责任校对：刘丽香
印刷：北京通州皇家印刷厂
版次：2021 年 10 月第 1 版
印次：2021 年 10 月北京第 1 次印刷
发行：新华书店北京发行所
开本：700mm×1000mm　1/16
印张：16
字数：315 千字
定价：69.00 元